多花黄精

高产高效种植技术与加工

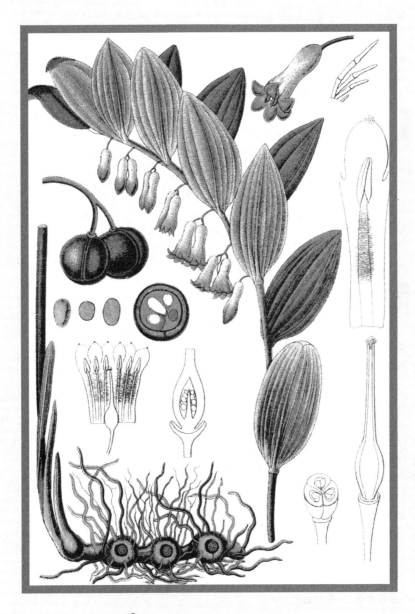

中国农业科学技术出版社

图书在版编目（CIP）数据

多花黄精高产高效种植技术与加工／陈龙胜主编 . –– 北京：
中国农业科学技术出版社，2022.11
ISBN 978 – 7 – 5116 – 6006 – 0

Ⅰ . ①多… Ⅱ . ①陈… Ⅲ . ①黄精—栽培技术 Ⅳ . ① S567.21

中国版本图书馆 CIP 数据核字（2022）第 210795 号

责任编辑 白姗姗
责任校对 贾若妍
责任印制 姜义伟 王思文

出 版 者 中国农业科学技术出版社
　　　　 北京市中关村南大街 12 号 邮编：100081
电　　话 （010）82106638（编辑室）（010）82109702（发行部）
　　　　 （010）82109709（读者服务部）
网　　址 https://castp.caas.cn
经 销 者 各地新华书店
印 刷 者 北京建宏印刷有限公司
开　　本 185 mm×260 mm 1/16
印　　张 7.75 彩插 14 面
字　　数 170 千字
版　　次 2022 年 11 月第 1 版 2022 年 11 月第 1 次印刷
定　　价 58.00 元

《多花黄精高产高效种植技术与加工》
编 委 会

前　言

黄精味甘，平。归脾、肺、肾经。补气养阴，健脾，润肺，益肾。用于脾胃气虚，体倦乏力，胃阴不足，口干食少，肺虚燥咳，劳嗽咳血，精血不足，腰膝酸软，须发早白，内热消渴，是一种使用非常广泛的药食同源植物。多花黄精是2020年版《中国药典》药材黄精基原物种之一的干燥根茎，其是集药用、保健、旅游产品和园林绿化为一体的药食同源的中药材，具有良好的经济效益，市场前景广阔。编者结合多年（特别是3个省级科研项目执行期间）从事多花黄精资源、规范化种植、基地建设等方面的研究和实践经验，在总结全国同行研究成果和多花黄精主产区传统种植经验的基础上，编写了《多花黄精高产高效种植技术与加工》一书。

本书主要包括多花黄精概述、生物学基础、种质资源及良种选育、繁育技术、规范化栽培技术、病虫害防治、采收和初加工工艺、化学成分及其药理活性、性味功效与应用配伍10个部分。本书尤其针对当前多花黄精种植规模化、规范化、产业化的特点，编写了多花黄精良种繁育和病虫害绿色防控技术部分，旨在为多花黄精高产高效种植和技术标准体系构建提供参考。本书可供黄精科研人员、技术推广人员、生产人员及广大种植户参考。

本书由安徽省科技成果转化促进中心（安徽省科学技术研究院）、安徽师范大学、金寨森沣农业科技开发有限公司等单位共同编写。本书出版得到安徽省科技重大专项"多花黄精药材品质提升关键技术集成与示范"（17030801026）；安徽省科技攻关项目"九华黄精优良品种（系）选育与育苗技术研究"（1301042103）、安徽省重点研究与开发计划项目"大别山区多花黄精新品种配套栽培技术研究与集成示范"（202204c06020010）等项目的支持。由于编者水平有限，书中难免存在不足和疏漏之处，敬请读者批评指正。

编　者

2022 年 9 月

目 录

第一章 概 述 ··· 1

　　第一节 黄精属植物资源分布与分类 ····························· 1

　　第二节 多花黄精产业现状 ··· 5

第二章 多花黄精的生物学基础 ·· 10

　　第一节 多花黄精的形态特性 ····································· 10

　　第二节 多花黄精的生殖和生长 ·································· 11

　　第三节 多花黄精的生长环境 ····································· 12

第三章 多花黄精种质资源及良种选育 ······························ 14

　　第一节 种质资源 ··· 14

　　第二节 多花黄精的良种选育 ····································· 19

第四章 多花黄精的繁育技术 ··· 26

　　第一节 有性繁殖 ··· 26

　　第二节 无性繁殖 ··· 29

　　第三节 种苗移栽 ··· 30

第五章 多花黄精的规范化栽培技术 ·································· 31

　　第一节 多花黄精的净作方法 ····································· 31

　　第二节 多花黄精的套作方法 ····································· 32

　　第三节 多花黄精的田间管理 ····································· 32

第六章 多花黄精的病虫害防治 ·· 34

　　第一节 病虫害的防治措施 ·· 34

　　第二节 常见的病害种类 ··· 35

　　第三节 常见的害虫种类 ··· 39

　　第四节 其他有害生物 ·· 41

第七章 多花黄精的采收和初加工工艺 ················· 43

第一节 多花黄精的采收 ················· 43

第二节 黄精加工方式 ················· 45

第三节 黄精在保健品及食品中的应用 ················· 48

第八章 多花黄精的化学成分及其药理活性 ················· 52

第一节 多花黄精中的化学成分 ················· 52

第二节 多花黄精的药理功效 ················· 54

第九章 黄精性味功效与应用配伍 ················· 58

第一节 黄精性味归经 ················· 58

第二节 黄精药材应用配伍 ················· 60

参考文献 ················· 66

附 录 ················· 69

附录1 国家药监局 农业农村部 国家林草局 国家中医药局关于发布

《中药材生产质量管理规范》的公告 ················· 69

附录2 中药材种植农药使用指导原则 ················· 86

附录3 中药材种植肥料使用指导原则 ················· 89

附录4 农药管理条例 ················· 91

附录5 农业农村部公布的禁止和限制使用的农药名单 ················· 103

彩 图 ················· 104

第一章 概　述

第一节　黄精属植物资源分布与分类

一、黄精属植物概况

黄精属（*Polygonatum* Mill.）隶属于天门冬科（Asparagaceae）。黄精属植物主要分布于日本至喜马拉雅山山系的狭长区域内，在北美、北欧、东亚、东欧、东南亚、中亚等北温带地区均有分布。

全世界黄精属植物有 80 多种，我国约有 40 种，31 个省级行政区均有分布。

据《中国植物志》记载，黄精属植物是具根状茎的多年生草本植物，茎不分枝，叶互生、对生或轮生，全缘；花生叶腋间，通常集生成伞形、伞房或总状花序；花柱丝状，多数不伸出花被之外，很少有稍稍伸出的，柱头小。浆果近球形。具种子几颗至十余颗。黄精属植物多生长于富含腐殖质的山野或林下，适应性强，易栽培。自然条件下因其喜阴凉潮湿环境，故其常生长在海拔 1 000 m 以下的树林、灌木丛、阴坡或沟谷溪边，且多以零星或小片状方式生长。黄精属植物根状茎多呈圆柱状、连珠状或不规则姜块状，有节，节膨大或不膨大，粗细均匀或一头粗一头细，节间长或短，不分枝或少分枝，表面呈浅黄色至黄褐色。

黄精属植物遗传多样性丰富，变异幅度大，属间水平界限明确，种间界限相对模糊，具体分类问题一直存在争议。1875 年，Baker 根据叶序将黄精属分为 3 类，即互生叶类（Alternifolia）、轮生叶类（Verticillata）和对生叶类（Oppositifolia）。这样分为三个类群显然是不太合适的，因为 Baker 着重点只在叶序这一个方面，而从现有的资料来看，叶序这个性状并不十分稳定，有时在同一个种内都有变化。《中国植物志》中将黄精属植物分为 8 个系，分别为苞叶系、互叶系、滇黄精系、独花系、点花系、短筒系、对叶系和轮叶系。由于形态的过渡性和地理分布的多样性、广泛性及重叠性，黄精属的种间差异趋于复杂，种间划分困难，种质资源研究困难。随着健康产业的发展，药食同源的黄精在近几年受到人们的极大关注，成为研究的热点之一。但其功效不够明确、黄精产品质量良莠不齐，严重制约黄精产业快速升级。

目前，国内外有少数学者对黄精属种群的遗传多样性进行了初步分析。利用 Scot 标记分析得知不同种源黄精种质遗传多样性丰富，为黄精的分类及鉴别提供一定的依据，为中药黄精优良品种的培育及资源可持续利用提供研究基础。朱巧等（2018）利用 SSR 标记分析黄精属 6 种植物的遗传差异，分析探讨了黄精属 6 种植物的遗传差异性和群体结构。近年来，关于黄精属植物实用价值方面的研究报道也屡见不鲜。在药物成分和功效方面，对于黄精属植物的研究也逐渐增多，许多学者在黄精提取物、化学成分及药理活性研究等方面也做了大量工作，对黄精属植物种类识别及资源分布进行了研究。以上研究为黄精属植物资源的可持续利用和开发提供了科学依据。当下黄精属的研究主要聚焦在系统分类及药理作用研究两大方面，黄精属种质资源的分类研究尚存在问题，直接或间接制约黄精天然药物的开发和利用。我国黄精属种质资源非常丰富，属下种的相似程度彼此接近，界限不明显，目前还没有足够的资料将其进行准确区分，仍有很多工作亟待开展。

二、黄精分类

1. 黄精

根状茎圆柱状，由于结节膨大，因此"节间"一头粗、一头细，在粗的一头有短分枝，直径 1 ～ 2 cm。茎高 50 ～ 90 cm，或可达 1 m 以上。花序通常具 2 ～ 4 朵花，似呈伞形状，总花梗长 1 ～ 2 cm，花梗长（2.5）4 ～ 10 mm，花被筒中部稍缢缩，裂片长约 4 mm；花丝长 0.5 ～ 1 mm，花药长 2 ～ 3 mm；子房长约 3 mm，花柱长 5 ～ 7 mm。浆果直径 7 ～ 10 mm，黑色，具 4 ～ 7 颗种子。花期 5—6 月，果期 8—9 月。分布于中国、朝鲜、蒙古和俄罗斯西伯利亚东部地区；在我国分布于黑龙江、吉林、辽宁、河北、山西、陕西、内蒙古、宁夏、甘肃（东部）、河南、山东、安徽（东部）、浙江（西北部）、江西（铜鼓）等地。生于海拔 800 ～ 2 800 m 的林下、灌丛或山坡阴处。

2. 多花黄精

多年生草本，根状茎肥厚，通常连珠状或结节成块，少有近圆柱形，直径 1 ～ 2 cm。茎高 50 ～ 100 cm，通常具 10 ～ 15 枚叶。叶互生，椭圆形、卵状披针形至矩圆状披针形，少有稍做镰状弯曲，长 10 ～ 18 cm，宽 2 ～ 7 cm，先端尖至渐尖。分布于我国四川、贵州、湖南、湖北、河南、江西、安徽、江苏、浙江、福建、广东、广西。生于林下、灌丛或山坡阴处。

花序具（1）2 ～ 7（14）花，伞形，总花梗长 1 ～ 4（6）cm，花梗长 0.5 ～ 1.5（3）cm；苞片微小，位于花梗中部以下，或不存在；花被黄绿色，全长 18 ～ 25 mm，裂片长约 3 mm；花丝长 3 ～ 4 mm，两侧扁或稍扁，具乳头状突起至具短棉毛，顶端稍膨大乃至具囊状突起，花药长 3.5 ～ 4 mm；子房长 3 ～ 6 mm，花柱长 12 ～ 15 mm。浆果黑色，直径约 1 cm，具 3 ～ 9 颗种子。花期 5—6 月，果期 8—10 月。

3. 滇黄精

根状茎近圆柱形或近连珠状，结节有时作不规则菱状，肥厚。茎顶端作攀缘状。叶轮生，每轮 3 ～ 10 枚，条形、条状披针形或披针形，先端拳卷。花序具花，总花梗下垂，花梗苞片膜质，微小，通常位于花梗下部；花被粉红色，裂片长 3 ～ 5 mm；花丝长 3 ～ 5 mm，丝状或两侧扁，花药长 4 ～ 6 mm；子房长 4 ～ 6 mm。浆果红色，直径 1 ～ 1.5 cm，具 7 ～ 12 颗种子。花期 3—5 月，果期 9—10 月。产于我国云南、四川、贵州。生于林下、灌丛或阴湿草坡，有时生于岩石上，海拔 700 ～ 3 600 m。越南、缅甸也有分布。

4. 热河黄精

分布在我国山西、辽宁、河北、山东等地。生于海拔 400 ～ 1 500 m 的地区，一般生于林下及阴坡。和玉竹的区别仅在于根状茎较粗壮，花序具较长的总花梗和较多的花。

5. 卷叶黄精

又名老虎姜。分布于西藏（东部和南部）、云南（西北部）、四川、甘肃（东南部）、青海（东部与南部）、宁夏、陕西（南部）。尼泊尔和印度北部等地也有分布。生于海拔 2 000 ～ 4 000 m 的林下、山坡或草地。

6. 长梗黄精

具根状茎，茎高 30 ～ 70 cm，叶互生，总花梗细丝状，长 3 ～ 8 cm，花梗长 0.5 ～ 1.5 cm。分布于江苏、安徽、福建、江西、湖南、广东、浙江等地。生于海拔 200 ～ 600 m 的地区，常生长于灌丛、林下以及草坡。

7. 五叶黄精

茎高 20 ～ 30 cm，仅具 4 ～ 5 叶。叶互生，椭圆形至矩圆状椭圆形，长 7 ～ 9 cm，具长 5 ～ 15 mm 的叶柄。分布在吉林、河北等地。生于海拔 1 100 ～ 1 400 m 的地区，见于林下。

8. 距药黄精

根状茎连珠状，直径 7 ～ 10 mm。茎高 40 ～ 80 cm。叶互生，矩圆状披针形，少有长矩圆形，长 6 ～ 12 cm，先端渐尖。分布陕西（秦岭以南）、四川（东部）、湖北（西部）、湖南（西北部）等地。生于海拔 1 100 ～ 1 900 m 的地区，一般生于林下。本种以其花丝顶端具距，花梗基部具一与之等长的膜质苞片，在本系中较为特殊，和其他种容易区别。

9. 节根黄精

根状茎较细，节结膨大呈连珠状或多少呈连珠状，直径 5 ～ 7 mm。茎高 15 ～ 40 cm，具 5 ～ 9 叶，叶互生，卵状椭圆形或椭圆形，长 5 ～ 7 cm，先端尖。分布于湖北（西部）、甘肃（南部）、四川、云南（东北部）。生于海拔 1 700 ～ 2 000 m 的地区，常生于林下、沟谷阴湿地和石岩上。

10. 大苞黄精

根状茎通常具瘤状结节而呈不规则的连珠状或为圆柱形，直径 3 ～ 6 mm，茎高 15 ～ 30 cm，除花和茎的下部外，其他部分疏生短柔毛。叶互生，狭卵形、卵形或卵状椭圆形，长 3.5 ～ 8 cm。分布于甘肃（东南部）、陕西（秦岭）、山西（西部）、河北（西南部）。生于海拔 1 700 ～ 2 500 m 的地区，多生于山坡及林下。

11. 二苞黄精

根状茎细圆柱形，直径 3 ～ 5 mm。茎高 20 ～ 50 mm，具 4 ～ 7 叶。叶互生，卵形、卵状椭圆形至矩圆状椭圆形，长 5 ～ 10 cm，先端短渐尖，下部的具短柄，上部的近无柄。分布于东北、山西、河北等省份，国外也有分布。生于林下或阴湿山坡，海拔 700 ～ 1 400 m。

12. 独花黄精

多年生矮小草本植物，高不到 10 cm。根状茎圆柱形。叶几枚至十余枚，常紧接在一起，条形、长圆形或长圆状披针形，长 2 ～ 4.5 cm，宽 3 ～ 8 mm。分布于西藏（南部和东南部）、云南（西北部）、四川、甘肃（东南部）和青海（南部）。生于林下、山坡草地或冲积扇上，海拔 3 200 ～ 4 300 m。

13. 点花黄精

产于我国西藏（南部）、四川、云南、贵州、广西（西南部）、广东、海南等地，越南、印度东北部、尼泊尔、不丹和印度也有分布。生于海拔 1 100 ～ 2 700 m 的林下岩石上或附生于树上。

14. 棒丝黄精

多年生草本。根状茎连珠状，结节不规则球形，直径约 1.5 cm。茎高 0.6 ～ 2 m。分布在西藏（东部）、云南（西北部）、四川（西部）。生于海拔 2 400 ～ 2 900 m 的地区，见于林下。

15. 对叶黄精

根状茎不规则圆柱形，多少有分枝，直径 1 ～ 1.5 cm。茎高 40 ～ 60 cm。叶对生，老叶近革质，有光泽，横脉显而易见，卵状矩圆形至卵状披针形，长 6 ～ 11 cm，宽 1.5 ～ 3.5 cm，先端渐尖，有长达 5 mm 的短柄。分布在西藏（南部）。尼泊尔东北部、不丹、印度北部也有分布。生于海拔 1 800 ～ 2 200 m 的地区，多生长于林下岩石上。

16. 轮叶黄精

根状茎一头粗，一头较细，粗的一头有短分枝，茎高可达 80 cm。叶通常为轮生，或间有少数对生或互生的，少有全株为对生的，叶片矩圆状披针形至条状披针形或条形。总花梗俯垂；苞片微小而生于花梗上；花被淡黄色或淡紫色，子房长约与之等长或稍短的花柱。浆果红色，5—6 月开花，8—10 月结果。产于我国西藏（东部和南部）、云南（西北部）、四川（西部）、青海（东北部）、甘肃（东南部）、陕西（南部）、山西（西部），尼泊尔、不丹等国家也有分布。生于海拔 2 100 ～ 4 000 m 的林下或山坡草地。

17. 新疆黄精

具根状茎草本植物，根状茎细圆柱形，粗细大致均匀，直径 3 ～ 5 mm，"节间"长 3 ～ 5 mm。产于我国新疆（塔里木盆地以北），哈萨克斯坦和俄罗斯西伯利亚西部地区也有分布。生于海拔 1 450 ～ 1 900 m 的山坡阴处。

第二节　多花黄精产业现状

一、我国黄精产业概述

《中国药典》规定入药的黄精只有 3 种，分别是黄精、多花黄精和滇黄精。

黄精集药用、食用、观赏、美容于一体，市场需求量日益增加，具有良好的经济效益。随着黄精食品、保健品等综合利用开发，其产业近 5 年来得到迅速发展。黄精产业目前在全国分布的情况大体如下。

1. 黄精产业现状

（1）黄精种植。我国黄精种植业的鲜货黄精产量约为 18 000 t，总产值约为 3 亿元。由于无序采挖，全国野生黄精资源基本枯竭，目前全国鲜货黄精野生数量几乎可以忽略不计。全国鲜货黄精产量的 90% 以上源于四川等地。

黄精在 2015 年之前主要以野生资源应市，极少部分货源来源于人工种植与进口。受到 2014 年以来的价格上涨刺激，从 2015 年以后，人工种植黄精产能逐步扩大，补充野生资源缺口。

但黄精的根茎生长周期要 3 ～ 4 年，种子繁殖需要长达 5 ～ 6 年。黄精的生长环境、对光和水的需求条件都较高，黄精人工种植亩（1 亩 ≈667 m^2）产较低、种植过程烦琐，且加工起来费工费时，前期投入成本较高，后期管理成本高，生长周期长，价格相对其他中药材低，因此广大农户不会像白及、茯苓这类"高价"品种进行大规模种植。

黄精种植方式有两种：粗放型种植（即低投入、低产出）和精细化种植（即高投入、高产出），精细化种植对种植技术要求较高。

人工种植黄精总体收益不高，因此农户种植积极性不高，人工种植发展缓慢。但随着黄精价格上涨和各地种植政策落实，2016 年以来，四川、云南、浙江、安徽等地区的黄精人工种植发展很快，种植规模和产区不断扩大。获得国家地理标志产品的九华黄精所在的安徽池州更是大力发展黄精种植，湖南新化、安化两地同样获得了国家地理标志性产品称号，在乡村振兴的政策感召下，人工种植黄精得到当地政府的大力支持，黄精种植将快速发展。

（2）根茎的分拣销售。全国黄精种植面积约为 50 万亩，根茎的分拣销售主要集中于湖南湖北两省，约占市场销售量额的 60%，并且已经辐射到周边省区。

（3）食品加工和销售。全国黄精食品加工和销售主要集中于安徽、湖南和四川，其中安徽食品黄精加工和销售占据 80% 以上的市场份额。

（4）黄精精深加工。全国黄精精深加工产值较小，湖南、安徽均有零星小微企业从事精深加工，由于资本、市场、技术、人才等瓶颈制约，尚未形成有规模的企业。

（5）黄精药材。药用黄精主要以黄精切片为主，基本通过安徽亳州、河北安国等中药材市场渠道销售，安徽、浙江、云南也有部分黄精合作社直接与同仁堂、太极集团等交易，用于生产含有黄精的复方中成药。

（6）黄精科研主要集中于安徽、浙江、湖南、江西和四川等省，安徽中医药大学、安徽农业大学、安徽省农业科学院、安徽省科学技术研究院等高校院所开展黄精新品种选育、规范化栽培及深加工等研究，黄精企业牵头成立九华黄精研究院；浙江农林大学牵头成立黄精产业国家创新联盟、浙江理工大学在黄精产品开发等方面开展研究；湖南黄精龙头企业与湖南中医药大学、湖南农业大学等高校合作，共同开展育种、产品开发的科研攻关；江西省林业科学院、南昌大学、成都中医药大学分别在黄精规范化栽培、多糖结构和药效等方面开展相关研究。

2. 当前产业发展存在的问题

（1）资源匮乏。随着黄精在药物、保健品和化妆品等领域的应用，其市场需求量逐年增加，价格稳步上升，市场缺口日益增大，市场供需矛盾进一步突出，资源匮乏已经成为黄精产业发展的瓶颈。《中华人民共和国药典》规定了黄精属的3种为药用植物，各地针对黄精属药用植物资源的研究和报道也较多，但近年来大规模的野生资源利用导致了较为严重的资源枯竭。因此，一方面应加强资源保护，另一方面应积极开展人工繁育和种植技术的研究，以实现资源有效保护和中药材种植产业的持续发展。

（2）商品流通中品种混杂。随着黄精需求量的逐渐增大，黄精的价格逐年上涨，受利益驱使，各种黄精伪品混入市场，严重影响了市场的健康发展。《中华人民共和国药典》仅规定了3种黄精属药用植物，但被作为黄精入药或收购的同属植物多见报道。针对生产中和市场上物种混杂不清的问题，一方面应加强物种鉴别技术的推广应用，加强市场规范和管理，另一方面应积极开展同属物种的药用功效与价值研究，对其能否入药以及其效用等加以分析和评价，以保证药材质量，并实现资源的合理利用。

（3）种植配套技术不完善。目前黄精良种缺乏，种性退化严重。黄精栽培主要沿用根茎繁殖，多代的无性繁殖则导致了严重的品种退化，抗逆性差、植株病害严重，减产严重。有性繁殖使后代发生了明显的分化，导致后代表现多样化，并存在种子萌发率低和出苗不整齐等问题。

（4）康养功能有待进一步挖掘和提升。黄精作为药食两用的中药材，本应成为大健康康养产品的重要原料，但全国从事黄精深加工的企业和康养产品生产的企业相对较少，黄精的康养功能有待进一步挖掘和提升。

（5）供应链耦合度低。从事黄精生产、加工、产品研发、销售等相关产业段较为分散，黄精产品供应链耦合度低，产业链上下游尚没有建立紧密的合作机制。

二、安徽省黄精发展现状

安徽省自然条件优越，水热资源丰沛，土壤类型多样，黄精属植物种类丰富，约有12种，是研究黄精属的重要区域，其中栽培品种为多花黄精，安徽多花黄精高适生区有青阳县、石台县、金寨县、霍山县、旌德、绩溪、祁门县、岳西县等地。

安徽省具有较好的黄精产业发展基础，已开发选育"九阳黄精""尚红黄精""祁源黄精""皖黄精 1 号""皖黄精 2 号""皖黄精 3 号""九臻 1 号""九臻 2 号""九华黄精 1 号""九华黄精 2 号"优良品种 12 个（彩图 1-1），先后制定或修订《多花黄精栽培技术规程》（DB34/T 2420—2015）等安徽省地方标准 6 项。建有 19 家省"十大皖药"（黄精）产业示范基地。已有专业黄精种植、加工企业 500 余家，其中省级产业化龙头企业 9 家，开发九制黄精、黄精酒、黄精茶等 40 余种黄精系列产品。

"九华黄精"种植面积约 6 万亩，建有省级龙头企业 4 个（安徽新泰药业有限公司、池州市九华府金莲智慧农业有限公司、安徽省青阳县九华中药材科技有限公司、池州市适四时农业有限公司），省十大皖药示范基地 3 个（安徽省青阳县九华中药材科技有限公司、池州市九华府金莲智慧农业有限公司、石台县二宝农业发展有限公司）。相继获评国家森林生态产品、国家地理标志证明商标、国家地理标志保护产品、农产品地理标志保护产品；注册有省级著名商标 1 个（吴振东），市知名商标 3 个（祥悦林、九华地藏、御九华），获绿色食品认证黄精产品 5 个，有机农产品认证 3 个，池州市是全国唯一的国家级黄精产业优势区。

黄精在黄山市有大面积的人工栽培，种植基地生态环境优良，管理科学规范，产品品质优良，多个种植基地通过了有机产品认证。目前，黄山市黄精总种植面积约 2 万亩，已有专业黄精种植、加工企业 30 余家，其中国家林下经济示范基地 2 个，省级林业产业化龙头企业 2 家，市级产业化龙头企业 4 家，安徽省"十大皖药"（黄精）基地 3 个（表 1-1）。其中祁门县黄精种植面积约 1.3 万亩，年产量 4 000 余吨，生产经营主体 16 个，产值 5 000 万元，"祁门黄精"正在申请国家地理标志产品。此外，黄山区种植规模超过 5 000 亩，生产经营主体近 10 个，黄山市其他县区种植规模约 2 000 亩。

表 1-1　"十大皖药"产业示范基地创建单位名单（截至 2022 年）

序号	所属地区	所属县/市/区	基地建设单位（联合建设单位）
1		旌德县	安徽省旌德博仕达农业科技有限公司
2			安徽千草源生态农业开发有限公司（安徽省科学技术研究院）
3	宣城市	泾县	泾县联芳中药材种植专业合作社（安徽农业大学）
4		绩溪县	绩溪县板桥头中药材种植推广示范场
5			绩溪县长安万罗山种植专业合作社（绩溪县黄精种植业协会）
6		青阳县	安徽省青阳县九华中药材科技有限公司（安徽省科学技术研究院）
7	池州市	石台县	石台县二宝农业发展有限公司
8		贵池区	池州市九华府金莲智慧农业有限公司（安徽省科学技术研究院、池州市适四时农业有限公司）
9	六安市	金寨县	金寨森沣农业科技开发有限公司、安徽皖西生物科技有限公司
10			安徽西山源珍稀物种种源保护有限公司（金寨森宝缘生物科技有限公司）

序号	所属地区	所属县/市/区	基地建设单位（联合建设单位）
11		祁门县	黄山仙寓山农业科技有限公司（安徽省科学技术研究院）
12	黄山市		黄山峰源生物科技有限公司
13		黄山区	黄山春凯生态农业有限公司（安徽省科学技术研究院）

六安市黄精总种植面积2万余亩，已有专业黄精种植、加工企业200余家，其中省级林业产业化龙头企业1家，市级农业产业化龙头企业2家，安徽省"十大皖药"（黄精）基地2个，并已成立了金寨黄精产业协会。其中金寨县黄精种植面积约2万亩，年产量3 000余吨，生产经营主体132家，产值5 000万元，金寨黄精地理证明商标通过了国家知识产权局审定。此外，霍山县种植规模达到5 000亩。

宣城市黄精总种植面积2万余亩，已有专业黄精种植、加工企业20余家，其中省级林业产业化龙头企业2家，市级农业产业化龙头企业2家，安徽省"十大皖药"（黄精）基地5个。"旌德黄精"正在申请国家地理标志产品。主要种植在旌德、绩溪和泾县。

1. 种植现状

当前安徽省黄精主要分布于皖南山区和大别山区，种植区域主要集中于安徽省池州市青阳县、贵池区；宣城市旌德县、绩溪县；黄山市祁门县、黄山区；六安市金寨县，全省总种植面积约12万亩。

2. 食品加工和销售

2020年安徽省食品加工的黄精产值约为2亿元，食品黄精的销售额约为3亿元，主要集中于贵池区、青阳县、旌德县、金寨县，其中池州市食品黄精加工和销售占据90%以上的市场份额。

3. 存在的问题

（1）前期投资压力大。一是投资成本大。黄精种苗投资相较于其他经济作物，投资相对较大，一次性投入成本需4.50～7.45元/m²（不含土地租赁、人员工资等），部分企业、农户易放弃，种植规模总体偏小。二是投资周期长。因其生产周期较长（3～5年），持续不断地投入需要稳定的资金链予以支持，给企业、农户造成一定压力。三是企业融资难。企业、农户相关市场主体生产经营中，融资难问题依然存在，这也限制了黄精产业的发展壮大。

（2）技术研发较滞后。一是种植技术不成熟。对黄精的育苗、栽培技术还没有规范化操作流程，大多仅凭经验操作，成熟度不高。二是产品研发待深入。黄精产品研发加工存在严重的自发性，科技含量高、附加值高、竞争力强的拳头产品较为匮乏，产品的深加工还有很大的开发空间。三是技术人才较匮乏。主管部门、市场主体普遍缺乏相关的技术人才尤其是高端人才，创新能力薄弱，限制了黄精种植和生产等技术的探索研究。

（3）销售市场待规范。一是产品标准未出台。对黄精的产品需要达到的标准未作具体规定，市场上的黄精产品质量参差不齐。二是标志使用较混乱。黄精作为一块金字招牌，在地理标志的使用上，规范性不高，企业和产品认证上还需要加强审核。三是内部竞争压力大。销售市场存在严重的自发性，规模集体效应没有发挥出来，不利于黄精整体走出去。

（4）市场认知度不高。一是宣传手段较单一。宣传存在视野不宽、思路死板、办法不多等问题，专题报道、宣传片制作和大型户外广告设计等宣传策划和设施相对滞后。二是宣传内容待丰富。安徽黄精宣传主要停留在黄精的历史及主要功能介绍方面，围绕产业发展、药食同用的新知识等方面的宣传广度不够。三是宣传重点模糊。黄精的宣传重点应针对"养生"群体，但当前的宣传没有重点，效果不明显。

第二章　多花黄精的生物学基础

多花黄精（*Polygonatum cyrtonema* Hua），在我国的潜在适生性分布区域较广，主要集中在四川、贵州、湖南、湖北、河南、江西、安徽、江苏、浙江、福建、广东、广西等地，供药用、食用和观赏。

第一节　多花黄精的形态特性

一、多花黄精植株形态

多花黄精的根茎不仅可以入药，还能作为观赏植物，可观叶、观花、观果，其叶片优美，纹路清晰，花色清新形状可爱，球形果实一侧垂落，使整棵植株弯曲优雅。

二、多花黄精根状茎

多花黄精根状茎呈结节状、连珠状或块状，极少呈近圆柱形，直径一般为 1.5 ～ 2.0 cm，肉质横走、肥厚。营养根长 10 ～ 30 cm，粗约 0.1 cm，健康根呈黄色（彩图 2-1）。

三、多花黄精茎秆

植株茎秆圆柱形，茎基部粗 0.4 ～ 0.7 cm，高 30 ～ 130 cm，植株直立，上端深绿光滑无毛，有时散生锈褐色斑点。

四、多花黄精叶

叶无柄，互生，革质，椭圆形，有时为长圆状或卵状椭圆形，少有镰状弯曲。单片叶长 7 ～ 15 cm，叶最宽处 4 ～ 6 cm。叶背灰绿色，腹面绿色，平行脉 5 ～ 7 条，稍微隆起。平均每株具 10 ～ 25 枚叶。

五、多花黄精花

花序伞形，花腋生，总花梗下垂，长 2.0 ～ 3.0 cm，通常着花 3 ～ 5 朵或更多，略呈伞形或瓶形；小花梗长 0.8 ～ 1.0 cm；苞片微小，膜质，位于小花梗基部，或不存在；花被淡黄绿色，先端 6 齿裂，下部合生成筒状，长 1.5 ～ 2.0 cm；雄蕊 6 支；花丝上有柔毛或小乳突，花丝长 0.3 ～ 0.5 cm，花丝形状为两侧扁或稍扁，顶端稍膨大具囊状突起；雌蕊 1 支，与雄蕊等长；花药长 3 ～ 4.5 mm，钻形，纵向开裂；子房 3 室，长 4 ～ 7 mm，与花被筒基部贴生；花柱丝状长 12 ～ 15 mm，多数不伸出花被之外（彩图 2-2）。

六、多花黄精果实

浆果球形，成熟时黑色，直径 1.0 ～ 1.5 cm，具 3 ～ 12 颗种子，种子圆球形，千粒重 20 ～ 50 g（彩图 2-3）。

第二节　多花黄精的生殖和生长

多花黄精营养生长与生殖生长具有规律性，3 月中旬至 4 月下旬为营养生长期；4 月下旬至 6 月初，为营养生长与生殖生长并进期；6 月初至 10 月下旬果实完全成熟为生殖生长期，10 月下旬至翌年收获根茎为过渡期。4 个时期的划分是以黄精生物学和生理学特性为依据的，每个时期的黄精生长发育对水、肥、气、热的要求不尽相同，科学掌握其营养生长与生殖生长的规律，促进根茎生长、控制花果生长，是实现黄精优质高产高效目标的重要调控手段。

一、多花黄精的生殖

多花黄精展叶前即形成花序，野外自然状态下主要通过熊蜂等昆虫授粉，结实率达 65.12%，室内单株隔离或硫酸纸袋套袋自交授粉结实率均为 0，说明其自交不亲和。在浙江临安 3 月中旬至 4 月初开始出苗（气温大于 7.5℃），3 月底至 4 月中旬开始现蕾，4 月中下旬陆续进入盛花期，4 月底至 5 月中旬进入末花期，花期 36 ～ 45 d，不同种源物候存在明显差异；花由花序轴基部向顶部开放，通常 4 ～ 22 个花序，单株花期 26 ～ 38 d；单朵花从现蕾到开放 20 ～ 25 d，授粉后 2 d 花即凋谢，子房逐渐膨大，若未授粉则持续开花 3 ～ 5 d 后凋谢；花发育时期与花粉活力、柱头可授性显著相关，花完全开放之日，花药聚拢于柱头时花粉活力最高，柱头伸出花被外且分泌黏液时可授性最强；果实和种子在 10 月成熟，适度遮阴才能确保种子顺利完成发育周期。

二、多花黄精的生长和生长量积累

1. 植株的生长

多花黄精一年的生育过程分为出苗期、伸长期、展叶期、开花期、果实期、枯死期、秋发期、越冬期 8 个时期。出苗期是指多花黄精植株从越冬状态恢复生长并进行快速发芽出苗的时期。一般以 3 月底和 4 月中旬为出苗高峰期。

多花黄精 3 月中旬至 4 月初开始出苗（旬均温超过 10℃），3 月底至 4 月中旬开始现蕾，4 月中下旬陆续进入盛花期，4 月底至 5 月中旬进入末花期。花期 36 ～ 45 d。

花由花序轴基部向顶部开放，通常 4 ～ 22 个花序，每个花序（2）4 ～ 10（21）朵花，单株花期 26 ～ 38 d。单株的花期主要与花朵数有关，花朵数越多则花期越长，单朵花的花期与是否授粉有关，若开花后授粉则花被迅速凋谢，子房逐渐膨大，若未授粉则持续开花 3 ～ 5 d 直至凋谢。不同种源多花黄精盛花期时间存在差异，但花期均有重叠，存在良好的良种选育基础。多花黄精出苗前完成花芽分化，展叶前形成花序，营养物质来源于根茎。

2. 生长量积累

对于以追求经济效益最大化的中药种植企业而言，黄精的采收时间要综合考虑市场需求、价格和黄精生物量的积累。有研究表明，多花黄精植株不同种植龄级生长量地下根茎增重量、地下根茎增重率等重要指标基本呈现"慢—快—慢"的增长规律。一般在种植第 3 年生长量达到高峰，种植前期第 1 ～ 2 年和后期第 3 ～ 4 年生长幅度明显变小。根茎增长量从大到小的顺序依次为第 3 年 > 第 2 年 > 第 1 年 > 第 4 年。

第三节　多花黄精的生长环境

多花黄精分布尤其广泛，安徽、浙江、江西、湖北、湖南等地均有多花黄精种质资源。多花黄精在同一省份不同地区种质资源在形态和根茎的生物成分含量也有很大差异，如在安徽发现的金寨的多花黄精、青阳的九华黄精等多糖和皂苷的含量均有很大差异。从黄精属植物的分布可以看出其对环境适应性很强，其中多花黄精的所在区域气候温暖而湿润，是我国热量条件优越、雨水丰沛的地区；冬季无严寒、无明显干旱现象；春季相对多雨；夏季则高温高湿，降水充沛；秋季凉爽。多花黄精喜欢阴湿气候条件，具有喜阴、耐寒、怕干旱的特性，其主要适合海拔 500 ～ 1 200 m，降水量为 1 000 ～ 2 200 mm，年均气温为 15 ～ 25 ℃，无霜期在 300 d 以上的低山丘陵带，气候水量皆适宜。

一、多花黄精对光、温、水的需求

1. 光

多花黄精喜荫蔽，在强光照条件下植株矮小、叶脆、茎秆细弱、根状茎生长停滞，须根发黑，植株生长不良且易被阳光灼伤。应选择以早、晚向阳，避开中午直射光，透光率在 65% ～ 70% 的光照环境为宜。

2. 温度

多花黄精生长地属亚热带季风湿润性气候区，年平均气温 16.1 ℃，最冷月平均温度为 3.1 ℃，最热月平均温度为 33.2 ℃。对于多花黄精的生长、种植，土壤温度以 16 ～ 20 ℃ 为宜，超过 27 ℃ 生长受到抑制。当气温超过 32 ℃，地上部分易枯死，根状茎失水皱缩干硬。有研究发现，温度对多花黄精种子发芽率、发芽势、发芽指数和平均发芽时间的影响达到显著水平，在 10 ～ 35 ℃ 范围内，随着温度的升高，种子的发芽率、发芽势和发芽指数均呈现先增加后减小的趋势，而平均发芽时间则呈现先减小后增加的趋势，当温度为 25 ℃时，种子发芽率、发芽势和发芽指数最高，分别为93.4%、70.1% 和 48.5，平均发芽时间最低为 11.4 d。

3. 水

多花黄精喜湿、怕旱，田间应经常保持湿润，遇干旱天气要及时浇水。但应注意水体硬度较大、水质偏碱性的水源不宜引流灌溉，且宜喷灌、浇灌，不宜沟灌、漫灌；雨季要注意清沟排水，以防积水烂根，宜起深沟排涝，畦面浅开斜沟防渍水。

二、多花黄精对土壤、海拔的要求

1. 土壤

多花黄精生境选择性强，喜生于腐殖质含量较高，土壤质地疏松、肥沃、保水力好的壤土或沙壤土中。宜选用偏酸性土质，其土壤酸碱值（pH 值）在 5.2 ~ 6.5 时黄精生长情况良好。

2. 海拔

多花黄精对生境适应性较强，通常在海拔 1 000 m 以下的树林、灌木丛、阴坡、沟谷溪边的山地及平地均可正常生长。在海拔 500 m 左右生长较为适宜。有研究对不同海拔下多花黄精植株各部分的碳、氮、磷含量变化规律，结果表明，不同海拔下多花黄精各器官碳、氮、磷含量及其化学计量比差异显著，且变化规律不一致。对于碳、氮、磷含量的分布，茎的碳含量显著高于其他器官，叶的氮含量显著高于其他器官，根的磷含量显著高于其他器官。随着海拔升高，根茎中的碳、氮、磷含量总体呈降低趋势，在海拔 200 m 处含量最高；各器官的碳氮比总体呈升高趋势，而氮磷比呈先下降后升高再降低的趋势。

第三章　多花黄精种质资源及良种选育

第一节　种质资源

"药用种质资源"泛指一切可用于药物开发的植物遗传资源，是药用植物可持续开发利用的根本保证，也是新品种选育和繁育的基础。种质的优劣对药材（生药）的产量和质量具有决定性的作用，对现有道地药材种质资源（家用和野生）进行摸底、评价，搜集筛选优质种质资源和具有特异农艺性状的种质资源，有利于传统道地药材品种品质改良、中药新品种选育、物种多样性保护、濒危药材资源保护和生态环境保护。对种质资源的研究包括：对药用植物品种考察和搜集、鉴定和评价、保存和应用、繁殖方式，以及在细胞和基因水平上的遗传学研究等。

一、种质资源相关政策

1. 总体要求

2019 年底，国务院办公厅印发《关于加强农业种质资源保护与利用的意见》（以下简称《意见》），强调要以农业供给侧结构性改革为主线，进一步明确农业种质资源保护的基础性、公益性定位，坚持保护优先、高效利用、政府主导、多元参与的原则，创新体制机制，强化责任落实、科技支撑和法治保障，构建多层次收集保护、多元化开发利用和多渠道政策支持的新格局。力争到 2035 年，建成系统完整、科学高效的农业种质资源保护与利用体系，资源保存总量位居世界前列，珍稀、濒危、特有资源得到有效收集和保护，资源深度鉴定评价和综合开发利用水平显著提升，资源创新利用达到国际先进水平。

2. 五项措施

《意见》就加强农业种质资源保护与利用提出 5 个方面政策措施，一要开展系统收集保护，实现应保尽保。开展农业种质资源全面普查、系统调查与抢救性收集。二要强化鉴定评价，提高利用效率。搭建专业化、智能化资源鉴定评价与基因发掘平台，建立全国统筹、分工协作的农业种质资源鉴定评价体系。深度发掘优异种质、优异基因，强化育种创新基础。三要建立健全保护体系，提升保护能力。实施国家和省级两级管理，建立国家统筹、分级负责、有机衔接的保护机制。组织开展农业种质资源登记，实行统一身份信息管理。充分整合利用现有资源，构建全国统一的农业种质资源大数据平台。四要推进开发利用，提升种业竞争力。组织实施优异种质资源创制与应用行动，推进良种重大科研联合攻关。深入推进种业科研人才与科研成果权益改革，建立国家农业种质资源共享利用交易平台。发展一批以特色地方品种开发为主的种业企业，推动资源优势转化为产业优势。五要完善政策支持，强化基础保障。合理安排新建、改扩建农业种质资源库（场、区、圃）用地，科学设置畜禽种质资源疫病防控缓冲区。健全农业科技人才分类评价制度。

3. 各地制定实施方案

根据《意见》中对于农业种质资源的要求，各地方涉农镇街因地制宜制定了目标任务，其中对食用菌和中药材在内农业种质资源的鉴定、普查收集保存等工作也进行了特别规定：对辖区内中药材种质资源进行全面的普查与收集，按照对其他农作物要求，做到应收尽收，并填写《省食用菌、中药材种质资源普查与收集行动普查表》和《省食用菌、中药材种质资源与收集行动征集表》；对收集的种质资源进行繁殖和鉴定，经过整理、整合结合当地农民认知进行编目入库（圃）；大力宣传种质资源保护的重要性，提高全社会保护种质资源意识，对镇街遗传资源普查保护工作进行验收考核和表彰。

二、种质资源现状

1. 国内黄精种质资源分布

黄精在我国分布广泛，占世界种类的 70% 左右，不同地域水肥、气候等条件差异巨大，种质变异显著。系统研究不同黄精种质资源，建立科学的种质资源评价体系，筛选出优良种质，为新品种选育提供优质材料具有重要的现实与理论意义。2020 版《中国药典》收录的中药黄精的来源植物有黄精、多花黄精和滇黄精 3 种，但实际应用种尚不止此 3 种。近些年，随着对药用植物资源的重视程度越来越高，研究也越来越深入，发掘出很多野生黄精资源，如在云南当地发现了资源丰富的卷叶黄精，但与药典中 3 种正品黄精比较之后发现，前者在形态和药用成分含量差距较大，随着黄精的药用保健功能逐渐被大众了解，野生黄精资源被严重破坏和挖掘，甚至逐渐枯竭。近些年，在政府的大力扶持下，在中药资源分布广泛的省份，其中药企业蓬勃发展，形成了规模化的中药种植示范基地，利用传统选育法陆续培育出多个优质品种，以生药材为基础的各种食品、保健品也在市面上层出不穷。

2. 安徽省黄精种质资源分布

安徽省药材资源极为丰富，据第四次全国中药资源普查统计数据，安徽省中药资源共有 4 115 种，居华东地区首位。安徽省自然条件优越，水热资源丰沛，土壤类型多样，黄精属植物种类丰富，是研究黄精属的重要区域。

近年来随着深入调查研究发现，安徽省内分布的黄精资源丰富，安徽省黄精属植物已有 12 种，其中分布最广的为多花黄精，品质上乘，且蕴藏量大，是我国多花黄精的主要产地之一，主要分布于皖南山区和大别山区的池州市、宣城市、黄山市、六安市及安庆市等地。

3. 多花黄精种质资源利用与形成

植物种质资源的研究主要是对植物种质资源进行调查、收集、鉴定、保存和应用等过程。历史上，植物种质资源的研究主要经历了原始野外种质资源的采集、传统品种的栽培、现代品种的优化和人工选育优势种 4 个过程，积累了丰富的研究材料，为生物资源的科学研究提供了基础材料。因此，植物种质资源研究是生物资源研究的重要内容，是生物资源科学管理、合理利用和资源保护的理论依据，是良种选育、新品种选育和工程育种等应用研究的理论基础。

优质的种质资源是人工选育的基础。目前很多高校科研院所和中药生产企业对多花黄精种质资源进行了收集、研究和栽培，以野生多花黄精为亲本，培育出集合优良性状的黄精新品种，如贵州省铜仁市利用本地野生多花黄精通过系统选育成"贵多花 1 号"品种植株形态适中，3 年生根茎平均单株鲜质量 408.6 g，折干率 31.76%，黄精多糖含量 7.40%；安徽省农业科学院从野生多花黄精群体中系统选育出高产、优质、高抗新品种"皖黄精 3 号"，根状茎肥厚、姜形、黄棕色，三年生（栽培）平均单株鲜质量 395.7 g，黄精总多糖含量 13.06%，高抗根腐病等。

三、种质资源分类

1. 根据药用部位不同分类

（1）根及根茎类药用植物种质资源，如人参、三七、黄精。

（2）花类药用植物种质资源，如金银花、菊花。

（3）果实种子类药用植物种质资源，如枳壳、薏苡。

2. 根据来源不同分类

（1）本地种质资源。

（2）外地种质资源。

（3）野生种质资源。

（4）人工创造的种质资源。

3. 根据亲缘关系分类

（1）属内种质资源。

（2）种内种质资源。

4. 根据代谢物种类和含量分类

随着近年来高通量转录组分析和靶向 / 非靶向代谢组学分析的兴起，通过代谢物检测，可以根据不同产地或不同性状等品种通过检测筛选出标志性差异代谢物，根据一种、几种、几类代谢物作为分类的标准，如江西中医药大学采用 LC-MS 代谢组学技术，运用多元统计分析，对不同种质黄精差异性形成机制研究，共筛选出 25 种代谢差异产物，包括氨基酸相关化合物、生物碱、类黄酮类等，且各组分间差异代谢产物均有不同，将不同产区的多花黄精做对比，也能看到明显差异（彩图 3-1）。

四、种质资源的鉴别方法

黄精分布广泛，形态上有过渡性，使得全国的黄精属植物在种间和种内差异巨大，对其类别划分十分困难，甚至市场上一度出现了非药用黄精属植物充当药用植物的乱象，如对叶黄精、热河黄精、长梗黄精、卷叶黄精等其他黄精属植物代替黄精入药的案例屡见不鲜。因此，对黄精进行系统分类或者公布权威的鉴定方法和划分标准势在必行。总结目前的研究，大致列举几种种间或种内分类和鉴定方法。

1. 形态学

黄精属植物在我国有40余种，有研究已经从形态学上进行分类，如苞叶系（种1～3）、互叶系（种4～13）、独花系（种15）等，并对各个系进行详细的形态描述。对于药典收录的3种黄精，其在植株形态和根茎上差别明显，不再赘述。然而在黄精种内，随着地理位置和种植环境的变化，性状也不稳定。

2. 叶片解剖学

有研究归纳了近些年的研究结果，利用光镜和电镜对黄精属叶表皮细胞形状进行观察，可以区分互叶生和轮叶生品种，但对于多花黄精和黄精内部一些植物并不适用，除此以外，垂周壁的式样、气孔大小和密度等可以为本种属间的分类提供依据。

3. 分子生物学

利用分子标记技术对植物种间种内进行鉴定分类是非常热门的方法，该方法可以克服植物移位保存后品种混淆、植物形态差别肉眼难辨甚至根茎或切片中是否有其他混品等困难。通过RFLP、RAPD、SSR、ISSR等常用的分子标记技术检测种间和种内丰富的多态性，例如日本东京大学用RAPD法不仅可以鉴别人参属药材，还可以鉴定某些人参中其他基原品种；利用SSR分子标记技术对安徽黄山地区野生刺葡萄的遗传多样性进行区分等。

五、种质资源调查和搜集

目前对药用植物种质资源的搜集工作远不及作物种质资源完善。一是因为药物种质资源所处的环境导致，基本都在深山之中，或隐蔽或险要，且多喜阴，不易发现。二是人们的观念和需求所致。民以食为天，药用植物种质资源的探索远不及农作物。三是药用植物种质资源种类繁多远胜农作物。但随着生活水平的提高，人们对药食养生越来越重视，现代的药用种质资源研究者在搜集种质资源（野生和家用）过程中目前已经总结出一套标准的方法。

1. 种质资源搜集标准

（1）种源。同一种（多花黄精）在相距较远的不同产地分布可算作不同的种质搜集。在实际搜集中，以山区相距水平距离超过50 km，草原相距100 km即可算作不同种质。

（2）变异类型。同一种植物的不同个体，在根、茎、叶、花、果、种等器官在外部形态上存在变异，这些变异多是由其遗传基础决定的，遗传学上称这种不同变异个体叫变异类型。

（3）生态型。同一种植物，在极端环境下长期生活，会由于自然选择而形成遗传基础不同的小群体（生态型），如海拔、干旱、盐碱度和不同的土壤类型等因素。按照以上3个原则，多花黄精在安徽省已经搜集多个品种。

2. 确定搜集区域

种质资源调查搜集工作中最重要的一步就是确定搜集区域，只要确定了区域，因地制宜的制定计划才有意义。确定种质资源搜集区域的原则如下。

（1）根据种质资源分布区分为自然分布区和人工引种区。应该综合考虑，按照以野生资源分布区收集为主，人工引种区为辅的原则，后者起补充的作用。

（2）确保搜集种质能适应自建的种质资源圃，即前后环境因子要相似。

（3）要着重认识了解当地的典型品种，选择具有典型道地资源的区域进行搜集。

3. 工作方法

依据调查搜集的工作方法。向当地群众、药材公司以及农业农村局、农技站等单位了解所要采集的某种药材种质资源情况，包括大致数量、是否保护与利用等，并获得当地政府或者农户的同意和支持。一方面确定分布区的路线，自己采挖，一方面可以了解农户的采挖收购情况，直接从农户手中收集部分种质资源。

六、多花黄精种质资源的保存方法

常用的种质资源的保存方法有：种质库中保存种子繁殖作物和田间种植保存营养繁殖作物。随着生物科技的发展，衍生出了利用组织培养技术离体保存种质资源代替种质资源圃活体保存，这样就避免了自然灾害和病虫害的影响，且便于不同地区的种质交流和快繁，此法适合通过无性繁殖保存资源的药用植物。对于多花黄精种质资源的种质资源的保存，通常采用以下几种方式。

1. 采收种子保存在低温干燥的种子库中

种质库又分为长期库和中期库，前者贮藏温度为 -18℃，种子含水量在 5% ～ 7%，正常种子可保存数十年；后者在 0 ～ 10℃，种子含水量在 5% ～ 8%，一般科研院所或企业在保存种子时选用后者，用于研究、评价、交流和种源供应等，因此中期库也叫活动库。多花黄精果实成熟以后采收，用发酵漂洗和揉搓漂洗法获得种子，黄精种子处理好后阴干，种皮硬实致密，不易透水透气，蛋白质脂肪淀粉含量极低，不易变质，而且因为黄精种子有提前进入休眠状态的特性，保存过程中只要注意避免潮湿，能保持长久的生命力（彩图 3-2）。

2. 利用组织培养技术对幼苗进行一般保存

将种子杀菌消毒处理之后在培养基中发芽，在此基础上进行分株、扩繁等不断继代培养，通过这种方法对搜集的种质资源进行短期保存（彩图 2-3）。该方法的优点在于保存的材料可以随时进行扩繁，或进行基因等方面的研究或炼苗之后大田栽培等，比较方便。

3. 田间种质保存

该方法是对药用植物活体整株进行保存，分为原位保存和移位保存两种方式。原位保存是指在原来的生态环境中就地保存种质，如建立自然保护区等保护处于危险的药用植物种质资源，适合群体较大的野生及近缘植物，或者针对一些地方性药用植物，多是通过农户在庭院或自留地种植保存，这种方法的优点在于最大程度上保持了药材的道地性。移位保存指的是植物离开原生态的地方，别处建立种质圃，主要用于保存无性繁殖的多年生药用植物，也是目前搜集黄精种质资源后最常用保存方式，为后续黄精种植和产品开发备足优质种苗（彩图3-4）。

第二节　多花黄精的良种选育

药用植物品种是指人类在一定的生态和经济条件下，根据需要而创造、培育的栽培植物所形成的群体。中药材良种选育除了和普通农作物一样观察产量、抗逆性等，还必须坚持对整个生育期各个生长发育阶段以药用成分为指标的质量监控。一个成熟的种群具有以下特点：一是具有药用成分含量高、品质好、产量高、抗逆性、抗病虫害等几项优点；二是选育出的群体具有稳定的遗传特性，在当地的生态环境下，其植物形态、生物学特性等主要农艺性状都比较一致。植物选育总的来说可以分为两种方法，一是传统育种，即系统选育或杂交育种；二是利用多倍体或者分子辅助育种等生化手段，理论上适用于所有植物体。

传统育种取决于繁殖方式，研究表明，多花黄精的授粉方式以高度异交为主，同时也会产生少量自交现象，选育方法较复杂。下面列举几种适用于多花黄精育种的选育方式，在选育中具体参考种质资源多少、育种目标有几项、种子发芽率、育种时间是否充足等选择合适的方法。

选育的目的是获得预期性状的品种或品系，可通过传统自交、杂交等方式，也可以采用现代科技手段，利用分子辅助育种通过鉴定缩短育种进程或直接将目的基因如抗虫抗病等基因导入植物体获得目标性状。

一、系统育种

系统育种是指直接从自然变异中选择并通过比较试验选育新品种，可分为单株选育法和混合选育法。

1. 单株选育法

多次单株选择法。对自花授粉作物的杂交后代，或者常异花和异花植物，一次单株选择的种子基因型还是杂合，在翌年的单株中继续选择优良单株，并将当选单株分别继续播种在各个小区内，与当地典型品种进行比较，选择优良品系。如果出现性状分离或表现不稳定的现象，可能需要进行多次的单株选择，因为其种子基因型的杂合性，后代遗传性状仍表现不稳定，尤其是不能与其他植株隔离种植的情况下，性状一直会有分离性。

2.混合选育法

（1）多次混合选择法。该法适合于自花授粉的杂交后代、常异花或者异花授粉的植物，因为一次混收之后后代仍旧分离，因此每年根据育种目标，对比上年品种效果，再次进行混收种植，直到达到稳定的育种目标并且性状相对稳定，即可推广至大田种植。

（2）常异花和异花授粉植物，因为外部基因的入侵，导致后代基因型一直改变，如果要保持性状稳定，只能尽量将性状一致的植株种植在一个小区内进行基因交流。

总之，单株法适合用于野外发现优秀单株时，保留品种。混合法适合对大群体进行选育和改良。结合多花黄精高度异交特性和基因型杂合性，必须采用连续多代自交结合单株选择的方法，才能育成自交系品种。一般不直接用于大田生产，而是作为配制杂交种的亲本使用。

二、杂交育种

杂交育种方法是目前国内外各种育种方法中运用最普遍的、效果最好的方法。运用两个或两个以上的亲本进行杂交，将其优良性状集中到一个新品种上。杂交从繁殖方式上可分为有性杂交和无性杂交，无性杂交主要指人为使两个原生质体融合或者嫁接，如某些不能有性杂交的果树，可以采用无性杂交方法育种，培育新的果树类型。农作物或者中草药育种工作中采用的杂交指有性杂交。从亲缘角度说，杂交又可分为近缘杂交和远缘杂交。前者在不存在亲和障碍的同一物种内不同品种或变种间发生。后者指发生在不同种、属类型以上的杂交，用传统方式杂交，往往存在不亲和障碍。

1.亲本选择

研究证明，多花黄精在花期主要是异花授粉，可以进行人工杂交育种，因此在选择亲本时要遵循以下3个原则。

（1）亲本具有优点，并且互补。但是互补性状要着重强调主要性状，否则互补性状太多导致后代分离太广泛，分离世代增加，延长育种年限，降低育种成效。

（2）亲本之一最好为当地优良品种。此目的为保证杂交后代有良好的适应性和丰产性。能更好适应当地环境结实率高的一般作为母本，带有显性性状的作为父本，以便于鉴别杂种的真假。但正交和反交有时会出现很大差异。

（3）亲本间具有较好的配合力。不是所有的推广品种都可以作为良好的亲本，优良品种的配合力不一定好。因此，亲本遗传组成是否广泛，性状是否有遗传力，都影响后代表现。

2.杂交流程

传统的有性杂交包括以下几个流程。

（1）制定计划，包括确定杂交组合数、配组方式、父母本的确定、每个组合的杂交花数等。

（2）准备器具，包括授粉用镊子、剪刀、硫酸纸袋、标签等。

（3）亲本株的培育与选择，包括确定父母本花期可遇、植株健壮等。

（4）隔离与去雄（母本），包括用纸袋局部隔离、距离隔离等。

（5）父本的花粉制备，花粉寿命长时可以提前采集用干燥器贮藏；花粉寿命短可以边采集边授粉。

（6）授粉、标记。授粉后套袋，在袋上写父母本与日期等信息。

3. 杂交方式

有性杂交方式通常分为单交和复杂杂交。

（1）单交。也叫成对杂交，即甲（母本）×乙（父本），与之相对的是父母本倒过来，叫反交。交换前后后代的表现有的差不多，有的则有差别。

（2）复杂杂交。又包括三交、双交、回交。参与亲本在3个或3个以上，如三交形式为（甲×乙）×丙，双交形式为（甲×乙）×（丙×丁），回交形式为（甲×乙）×甲。实际育种操作可能更复杂，但不管如何杂交，目的都尽可能地集合优异性状于一个或几个品种上。

4. 杂种选育

有性杂交后代选育常用的方法是系谱法、混合法和单粒传法，以及派生出来的其他方法。

（1）系谱法（彩图3-5）。

（2）混合法。针对自花授粉植物的杂种分离世代，混合种植，直到后代纯合率达到80%以上，再进行优良株系选择进入鉴定圃。这种方法没有对植物交流进行干预，靠植株自然授粉，人工选育后代即可。

三、群体品种

多花黄精作为高度异交性植物，作物群体是异质的，含有很多不同的基因型，在遗传上高度杂合，宜采用的育种方法主要是混合选择、轮回选择、自交系间杂交和综合杂交。选育后的品种氛围一般会是综合品种或者自由授粉品种，前者是由一组选择的自交系采用人工控制授粉和隔离区多代随机授粉组成的遗传平衡的群体。遗传基础复杂，每一个体具有杂合的基因型，性状差异较大，但具有一个或多个代表本品种特征的性状。后者是指品种内植株随机授粉，也经常与相邻种植的异品种授粉，个体基因型是杂合的，群体是异质的，植株间性状有一定程度的差异，但保持本品种的主要特征，可与其他品种相区别。

四、染色体工程育种

染色体工程育种指在细胞水平上对植株染色体的操作，通过增加、减少，或者结构发生变化从而导致植株农艺性状发生变化。我国自20世纪80年代开始进行染色体工程育种，就药材植物来说，已经取得很大成就。染色体育种包括多倍体育种、单倍体育种和非整倍体育种，其中多倍体育种和非整倍体育种材料不仅局限于植物生殖系统，还包括幼苗顶芽和植株侧芽等，而单倍体育种材料是花粉、未授粉子房、花药、胚珠等。

1. 多倍体育种

植物在进化过程中自然形成的两组以上的染色体，是自我增强物种竞争能力、提高繁殖能力的一种现象。多倍体育种是通过化学物理方法人为地增加染色体组，通常分为同源多倍体和异源多倍体，多倍体主要有几个特点。

（1）较二倍体植物具有硕大的营养和繁殖体，同源多倍体的营养器官随着染色体数目的倍增而呈现"巨大型"，所以肉质的根、茎、叶植物、无性繁殖植物和以营养器官为收获目的的植物，如本书研究的多花黄精根茎，都有可以尝试通过染色体加倍育种。

（2）多倍体药用植物大多表现为茎秆粗壮，具有较好的抗倒伏能力。有的还有抗旱、抗涝、抗病等抗性，而且通常具有较高的活性成分含量，这对于药用植物尤其重要。除此以外还有次生代谢产物提高的特性等。

（3）同源多倍体中染色体来自同一个物种，含有两个以上染色体组，可能在减数分裂时紊乱，联会时形成多价体，不能形成配子，如同源三倍体高度不育，同源四倍体部分不育。异源多倍体的同源染色体可以联会，不出现多价体，能进行减数分裂，如异源四倍体。

（4）异源多倍体的形成主要是为了克服远缘杂交而产生的，通过含有不同染色体组的两个物种经过天然或人工种间杂交，如 AABB×CC，F_1 植株基因型为 ABC，产生不了配子，不管是自交还是异交，都是高度不育，只有通过对杂种进行加倍，变成 AABBCC 育性才能恢复。因此，育种界常利用染色体倍性不高的物种，或通过远缘杂交，经染色体加倍后形成生产或育种可利用的新品种或新种质。

2. 多倍体的诱导

除了采用物理方式如温度骤变、机械损伤电离等，还有很多化学方式，但最有效、最普遍诱导多倍体的方式是利用秋水仙素诱导。有丝分裂时，可以抑制微管的聚合程度，不能形成纺锤丝，使染色体不能排列在赤道上，也不能分向两极，从而产生染色体加倍的核。在植物发育阶段的幼期，越早越好。对于多倍体的鉴定，可以通过直接鉴定法，如根端和粉母细胞，也可以通过间接方法，如观察花粉和气孔的多少、结实率的多少和形态上的巨大性等。

3. 单倍体和非整倍体育种

诱发单性生殖如花药培养的方法使杂交后代的异质配子形成单倍体植株，经染色体加倍形成纯系，然后进行选育获得新品种的方法。简易流程如下（彩图3-6）。

与传统的杂交育种相比，最大的优点如下。

（1）单倍体育种明显缩短年限，对每一代甚至每株基因型明确，并且省去了大田育种，省时省力。

（2）对于异花和常异花植物，避免传统育种中的严格隔离，直接取植株配子进行染色体加倍，就可以快速培育纯系。非整倍体育种是指由于染色体发生了非倍性的增加或减少，出现染色体附加、缺失、代换等导致农艺性状的变化。育种上可以用来培育新材料。

4. 诱变育种

利用物理辐射或者化学诱变的方法对育种材料如种子、幼苗或者愈伤组织进行处理，使其在基因水平上发生不定向改变，从后代选择优良性状的突变体。诱变育种不依赖于有性生殖，鉴于多花黄精的繁育特性——可自交、可异交、可无融合生殖、结实率低的特点，可以尝试用诱变育种。

（1）处理材料。一般面向生产时选择原本综合性性状和适应性就比较好的推广品种，通过诱变改良个别不良性状，然后可以直接推广，也可以作为下一步杂交育种的亲本。

多倍体承受染色体畸变的能力比较强，可降低突变体死亡率。

可处理花药培养的愈伤组织，即使是隐形突变都能在处理当代显现出来，可以及时看到处理效果，选择目标性状，缩短育种年限。也可以处理体细胞愈伤组织，发生突变的体细胞再分化后也可以看到处理效果。

（2）处理方式。物理辐射诱变方法包括 γ – 射线、X– 射线、β – 射线、中子、无线电微波、激光、紫外线等物理因子。化学诱变较物理诱变是比较常用的一种植物诱变育种方式，通过诱发基因突变或者染色体重组，从而引起育种材料的性状变化，实验室常使用的化学诱变剂有甲基磺酸乙酯（EMS）、叠氮化钠（NaN_3）、平阳霉素（PYM）和秋水仙素等。

5. 基因工程育种

在基因水平上对其进行编辑和导入已经在农作物和中药研究、生产上发挥了极其重要的作用，可以说是医药界上的一次革命。植物界越来越多的基因已经被发掘出来，如抗虫基因、抗逆基因、水稻中抗盐基因家族基因、抗草甘膦除草剂基因或者一些参与合成代谢的调控基因等，统称为功能基因，这些基因序列已经登记在基因库 NCBI 中保存，可随时拿过来应用在改良品种性状上，但因为市场对转基因产品控制严格，直接食用转基因部位影响结果未知，因此，基因工程可运用在改良植物抗性等性状上或者通过控制调控基因改变代谢产物，尤其是后者，可以提高药用植物的药用成分。

（1）基因编辑。近年来最热门的基因工程技术就是 CRISPR/Cas 技术，它是一种原核生物的免疫系统，用来抵抗外源遗传物质的入侵，如噬菌体病毒和外源质粒。同时，它为细菌提供了获得性免疫这与哺乳动物的二次免疫类似，当细菌遭受病毒或者外源质粒入侵时，会产生相应的"记忆"，从而可以抵抗它们的再次入侵。CRISPR/Cas 系统可以识别出外源 DNA，并将它们切断，沉默外源基因的表达。在自然界中，CRISPR/Cas 系统拥有多种类别，其中 CRISPR/Cas9 系统是研究最深入、应用最成熟的一种类别。CRISPR 序列与 Cas 蛋白配合，首先识别待编辑的基因序列，其次对该序列进行剪切，剪切后的序列发生碱基丢失、重复等变化，功能发生改变。最后，在后代中鉴定 CRISPR/Cas9 的拷贝数，当拷贝数为 0 时，即认定育种材料中无该基因剪刀工作，后代性状稳定（彩图 3-7，彩图 3-8）。

（2）遗传转化。除了对育种材料的目标基因利用基因剪刀破坏和改造，基因工程项目中另一种常用的手段是先选定目标基因，将该基因先与 T 质粒连接、内切酶剪切、连接如 1391 质粒大载体、用大肠杆菌摇菌繁殖、提取质粒导入农杆菌、农杆菌介导侵染外植体。

利用基因工程技术和遗传转化在研究药用植物上也取得了很大进展，如多花黄精和断血流功能基因的研究，已经在国际上首次建立了多花黄精和断血流转录组数据库，在基因水平解析了黄精多糖和三萜皂苷生物合成途径，发掘了途径中最关键的酶，分析了这些关键酶的表达特点以及结构、功能，为将来利用基因工程和代谢工程技术大大提高黄精多糖和三萜皂苷等中药活性物质的产量奠定了基础。

6. 分子辅助育种

分子辅助育种技术主要指分子标记技术，是遗传标记的一种，已经广泛应用在育种工作中，是从基因水平上研究遗传物质的基础技术。如用 ISSR 或 SSR 对多花黄精的遗传多态性进行分析，对目标基因的克隆等。

（1）原理与类型。分子标记辅助选择是将分子标记应用于物种改良中，借助分子标记达到对目标性状基因进行选择的一种手段。原理是利用与目标基因紧密连锁或呈共分离关系的分子标记对选择个体进行目标区域或者整体基因组的筛选，获得带有期望性状的个体。按照分子标记发展的顺序可分为 3 类。

①以分子杂交为核心的分子标记技术，包括 RFLP、DNA 指纹技术等。

②以 PCR 为核心的分子标记技术，包括 RAPD、简单序列重复 SSR、STS、序列特征化扩增区域 SCAR 等。

③新型的分子标记，如 SNP、表达序列标签 EST 等。

（2）几种常用的分子标记技术。

① RFLP 限制性片段长度多态性，技术的原理是检测 DNA 在限制性内切酶酶切后形成的特定 DNA 片段的大小。该技术在构建农作物遗传图谱上已经取得很好的效果，如用 RFLP 标记构建水稻 12 条完整的染色体连锁图，后又构建了 612 个水稻遗传连锁图，较好地满足了水稻的育种工作。此外还有谷子的 RFLP 连锁图和大豆的分子标记遗传框架等。但 RFLP 分析对样品纯度要求较高，样品用量大，且 RFLP 多态信息含量低，多态性水平过分依赖于限制性内切酶的种类和数量，加之 RFLP 分析技术步骤烦琐、工作量大、成本较高，所以其应用受到了一定的限制。

② RAPD 随机扩增多态性 DNA，建立在 PCR 技术的基础上，用大量的、各不相同的短碱基序列（8 ~ 10 bp）作为引物，以待研究的基因组 DNA 作为模板，进行扩增，经琼脂糖凝胶电泳分离，对基因组多态性进行分析。缺点在于结果不严谨，重复

性差，可靠性差。

③ AFLP 扩增片段长度多态性，也是建立在 PCR 基础上，基因组 DNA 先用限制性内切酶切割，然后将双链接头连接到 DNA 片段的末端，接头序列和相邻的限制性位点序列，作为引物结合位点，只有限制性位点侧翼的核苷酸与引物的选择性碱基相匹配的限制性片段才可被扩增。缺点是成本高，操作复杂，而且也会出现假阳性条带。

④ SSR 简单序列重复，微卫星的侧翼序列通常都是保守性较强的单一序列，从两端设计引物就可以将微卫星序列扩增出来，由于单个微卫星位点重复单元在数量上的变异，个体的扩增产物有长度的多态性。SSR 重复数目变化很大，所以 SSR 标记能揭示比 RFLP 高得多的多态性。缺点在于需要知道重复序列两端的序列以设计引物，开发困难，费用高。

⑤ STS 序列标签位点，目前实验室运用频率比较高的一种方式，在已知道目标序列的情况下，设计引物，以不同材料的基因组作为模板，PCR 克隆，凝胶电泳回收测序，比较材料中目标基因的多态性差异。

⑥ SNP 单核苷酸多态性，主要是指在基因组水平上由单个核苷酸的变异所引起的 DNA 序列多态性。

第四章　多花黄精的繁育技术

繁育可以是选育的后续，根据植物特性利用合理的栽培技术进行扩繁；繁育也可以是选育的前奏，传统的选育往往建立在父母本品系繁育的基础上。因此，选育与繁育相辅相成，不可分割。

第一节　有性繁殖

雌雄胚子结合，经过受精过程，最后形成种子繁衍后代，统称有性繁殖。自然界通过有性繁殖方式形成种子的方式有 3 种：自花授粉、异花授粉、常异花授粉。研究表明，多花黄精是高度异花授粉植物，传粉媒介靠虫媒传粉。

一、圃地准备

1. 圃地选择

育苗地块土壤以疏松、富含腐殖质、透气好的无污染源沙壤土为佳；选择宜背风向阳、水源充足，排灌方便的地块。

2. 大棚建立

建造遮阴大棚育苗，棚内透光率 50% ～ 70%，要求抗风、抗雨雪能力强，夏秋季有较好的通风降温性能，且配备喷灌设施，大棚规格可根据育苗地形搭建，5—10 月大棚上部覆盖遮阳网，保持四周通风。

3. 整地

整地时间应为播种前 10 ～ 20 d，并施 30 ～ 40 kg/ 亩生石灰（偏酸性土壤）或 2% ～ 3% 硫酸亚铁 50 kg/ 亩（偏碱性土壤）对土壤消毒。一般深度 10 ～ 20 cm，耙平整细后作畦，畦宽 90 ～ 120 cm，畦高 10 ～ 20 cm，长度随地形而定。

4. 施基肥

有机肥与土壤翻混均匀，一般施有机肥 1 t/ 亩。

二、种子准备与处理

1. 选种

多花黄精的果实采收期一般在 9 月底至 11 月初，果实成熟后果皮由硬变软，呈紫黑色。合格的成熟多花黄精种子千粒重大于 38 g，净度不低于 95%，发芽率不低于

80 %。

2. 种子处理

将采收的多花黄精果实室温堆积发酵，堆集厚度 10 cm 以下，并隔天翻动，避免发热，待果实软烂搓洗除去果皮果肉，流水冲洗种子，至表面无果肉为止，阴干筛净后得到干净、饱满的多花黄精种子。将得到的种子置于 4 ~ 10℃条件下储藏备用。

取种子 1 份，湿沙 3 份，沙的湿度以手握成团、指间不滴水、松手即散为度。混合均匀后，再置于 20 ~ 25℃条件下催芽 25 ~ 35 d，保持土壤湿润，防止积水（彩图 4-1）。

三、播种

秋播 9—11 月，采集果实取出种子后即用常温水浸种 24 h 后播种。沙藏的种子连沙子带种子于采种翌年 3—4 月春播或发芽后播种。

1. 撒播

采用撒播方法，先浇透墒水，以保持足够的湿度，按 15 ~ 20 kg/ 亩用种量将连沙子带种子均匀地撒播于床面或垄面上，盖上一层薄细土，厚度在 1 cm 左右，再用稻壳或松针覆盖厚度 2 ~ 3 cm，最后覆盖薄膜至翌年 3 月中旬。

2. 条播

采用条播方法，先浇透墒水，以保持足够的湿度，在畦上按 15 cm 行间距均匀开沟，沟深约 2 cm，按 8 ~ 10 kg/ 亩用种量将连沙子带种子均匀撒入沟内，再盖上一层薄细土，厚度在 1 cm 左右。最后用稻壳或松针覆盖厚度 2 ~ 3 cm，覆盖薄膜至翌年 3 月中旬。

四、田间管理

1. 间苗和补苗

一年生苗较小，生长较慢，无须间苗；播种后 30 个月左右的二年生苗，当苗长至 6 ~ 9 cm，3 ~ 5 片叶时，进行间苗和补苗。育苗密度控制在 200 ~ 400 株 /m²。

2. 追肥

播种后 18 个月左右的一年生苗长出叶片后，采用叶面喷施叶面肥进行追肥，播种后 30 个月左右的二年生苗当年 4—5 月喷施叶面肥，肥料一般采用 0.2 % 磷酸二氢钾加 0.3 % 尿素液，叶面喷洒 20 ~ 30 d 1 次，连续喷施 2 ~ 3 次。

3. 除草排灌

为防止锄草伤害根茎，一、二年苗出苗后，都应及时人工拔除杂草，以防荒苗。5 月末以后，气温上升，不再安排除草。积水时及时排涝；干旱时及时灌溉。

4. 病虫害防治

多花黄精苗期病虫害相对较少。病虫害以农业防治为基础，采用人工、物理、生物及低毒低残留的化学防治措施（表 4-1）。

表4-1 主要病虫害防治方法

病虫害名称	为害部分及症状	防治方法
叶斑病	为害叶片，使病部叶片枯黄，造成叶片枯焦而死	1. 将叶斑病残体集中烧毁，消灭越冬病原； 2. 发病前及发病初期喷1∶1∶100倍波尔多液或65%代森锌可湿性粉剂500～600倍液喷洒，每7～10 d喷1次，连续2～3次
蛴螬	为害幼苗和根茎，使苗床缺苗断垄	1. 农业防治。3年实行1次轮作；同时应禁止使用未腐熟有机肥料，防止招引成虫产卵； 2. 人工捕杀。发现种苗被害可挖出土中的幼虫；利用成虫的假死性，捕捉成虫； 3. 利用黑光灯诱杀成虫； 4. 可用40%辛硫磷乳油拌腐熟的有机肥进行穴施
地老虎	为害幼苗，将其基部咬断，常造成缺苗	1. 人工捕杀幼虫。利用地老虎昼伏夜出的习性，清晨在被害种苗周围的地面上，用小铁锹或小木棍，挖出地老虎杀灭；另可采用新鲜泡桐叶，用水浸泡后，于幼虫盛发期的傍晚放置于苗圃内（约750片叶/hm²），翌日清晨翻开叶片，人工捕捉叶下小地老虎幼虫； 2. 使用黑光灯或糖酒醋液诱杀成虫； 3. 拌种处理。可在播种前，用48%溴氰虫酰胺种子处理悬浮剂，按照药种比60～120 mL/100 kg种子的比例进行拌种，具有很好的防治效果。持效期长，毒性低； 4. 土壤处理。幼苗定植时，可用40%辛硫磷乳油拌腐熟的有机肥进行穴施

五、种苗出圃

一般3～4年后出圃，出圃时要保证圃地土壤湿润、疏松，尽量少伤根系和根状茎。倒苗后至翌年2月挖取种苗根茎（彩图4-2）。

六、种苗分级

种苗分级应选在庇荫背风处进行，尽量减少根系裸露的时间，以防止失水丧失活力。分级后要做好等级标志，种苗根茎生长粗壮，无病虫检疫对象（表4-2）。

表4-2 种苗质量分级标准

等级	分级标准
一级苗	根茎粗壮，无病虫害，带芽根茎长度5 cm以上，重15 g以上
二级苗	根茎较粗壮，无病虫害，带芽根茎长度3～5 cm，重10～15 g
不合格苗	根茎较粗壮，带芽根茎长度3 cm以下，重5～10 g

注：一级、二级根茎需满足各指标要求；带芽根茎长度、单个重有一项指标不符合一级、二级分级标准即划为不合格苗，不合格苗可继续培育。

七、运输包装

种苗要用干净的竹、木筐或透气性好的袋子包装；用清洁卫生的车辆运输；远距离运输、气温较高情况下应先行在 2 ～ 4℃下预冷，使用加冰袋的泡沫箱包装。

八、档案管理

应对育苗地环境资料、种子来源、育苗过程的年度生产管理和销售记录，包括购买或使用所有物质的生产地、购买来源和数量、使用的浓度、时间和次数及销售等全过程的记录档案。

档案记录必须真实、完整，并妥善保管，以便查考备用。

第二节　无性繁殖

营养体繁殖的后代，基本能够完全保持亲本的遗传特性和经济性状，因此采用营养体进行繁殖或育种，可以将优良品种进行繁殖扩大，推广利用，是目前多花黄精最为普遍的扩繁方式之一，同时也能为多花黄精品种作为高异交植物的选育提供足够的性状一致的亲本群体。

一、根茎繁殖

根茎繁殖是黄精最传统的繁殖方法。《本草纲目》就有记载"可劈根长二寸，稀种之，一年后极稠。"根茎繁殖相比种子繁殖，其育苗周期短、成本低、生长快、产量高、效益好、技术含量不高，因此生产中被广泛应用。

多花黄精根茎繁殖选择健壮、无病虫害植株，在收获时挖取根状茎，选先端幼嫩部分，截成数段，每段须具 3 ～ 4 节，每段须带 1 ～ 2 个顶芽，切口涂抹草木灰或碘伏稍晾干收浆后，立即栽种。春栽于 3 月下旬，秋栽在 9 月至 10 月上旬进行。栽时，在整好的畦面上按行距 22 ～ 24 cm、株距 10 ～ 15 cm、深 5 ～ 7 cm 挖穴栽种，栽种前穴内可先浇水沉实底土，将种根芽眼向上，每隔 10 ～ 15 cm 平放入 1 段，覆盖拌有火土灰的细肥土，厚度 5 ～ 7 cm，再盖细土与畦面齐平。栽种 3 ～ 5 d 后再浇一次水，以利成活。春栽以 3 月下旬为宜，秋栽以 9 月下旬为宜。春秋种植方式基本相同，但秋栽的，应于土壤封冻前在畦面覆盖 1 层堆肥（彩图 4-3）。

二、组织培养

很多植物可以采取根茎繁殖方式进行繁育，如马铃薯、红薯、藕、生姜等作物或者月季等花卉植物，用根茎（根茎）繁殖优点是比种子繁育快，发芽率高，缺点是数量少，造成药用部位的浪费。为了加速育种进程，降低育种成本，中药繁育基地或者育种实验室已经广泛采取组织培养技术快速繁殖植物种苗的同时，完整保持优质品种的遗传特性，对于黄精，很多实验室已经实现将无性繁殖的种苗经过炼苗之后输送到企业的育种田。另外，随着分子辅助育种的普及，通过改变基因（如抗病、抗虫、抗倒伏等基因），再结合组织培养，能快速形成中药新品种（彩图 4-4）。

第三节　种苗移栽

　　随着多花黄精植株不断长大，苗床肥水条件已不能满足植株生长需要，必须进行种苗移栽。适当的提早移栽，可减轻苗床压力，更利于植株生长和根茎形成。

　　移栽宜选择在 9—11 月或 3—4 月的阴天进行按株行距（25 ～ 30）cm ×（10 ～ 15）cm，穴深 3 ～ 4 cm，每穴栽黄精苗 1 株将种苗平放于穴中，带茎痕的一面朝上，培土、压实，根茎用量 250 ～ 300 kg/ 亩。栽后视土壤墒情浇适量定根水，忌漫灌，保持土壤湿度，适度遮阴 1 ～ 1.5 个月，遮阴度 50% 左右。

第五章　多花黄精的规范化栽培技术

第一节　多花黄精的净作方法

一、土地的选择和准备

多花黄精生境选择性强，喜生于土壤肥沃、表层水分充足、荫蔽但上层透光性充足的林缘、灌丛和草丛或林下开阔地带。故应选择湿润和有充分荫蔽的地块，土壤以质地疏松、保水力好的壤土或沙壤土为宜。播种前先深翻一遍，结合整地施农家肥2 000 ～ 2 500 kg/ 亩翻入土中作基肥，然后耙细整平作畦，畦宽 1.2 ～ 1.4 m；在贫瘠干旱及黏重的地块不适宜植株生长，生长周期长且产量低。宜选用偏酸性土质，土壤酸碱值（pH 值）在 5.2 ～ 6.5 时（最适 pH 值为 5.8 左右），黄精生长良好。种植地土壤温度以 16 ～ 20 ℃为宜。

二、种苗的要求

对多花黄精种苗进行初步分级，选择优质种苗进行栽培。

根据栽培实验研究，建议制定的分级标准如下。

一级苗：根茎粗壮，无病虫害，带芽根茎长度 5 cm 以上，重 15 g 以上。

二级苗：根茎较粗壮，无病虫害，带芽根茎长度 3 ～ 5 cm，重 10 ～ 15 g。

三、定植时间

多花黄精最佳移栽期应该选择在育苗成功后的翌年 3 月进行，移栽时应避开阴雨天气，在晴天并避开中午阳光强烈时段的情况下种植为好。春季于 3 月初至 4 月中旬进行种植，秋季 9—11 月均可种植。

四、根茎选择处理

选择健壮、无病虫害、具有顶芽的根状茎做种。宜取根茎芽段 3 节，应选择粗大根茎作种，剪去粗长根，用草木灰或杀菌剂处理伤口稍干后，进行栽种。

五、定植密度

多花黄精的栽植规格按行距 22 ~ 24 cm、株距 10 ~ 16 cm 挖穴种植最为适宜。多花黄精按 8 000 株 / 亩种植较为适宜。定植后应稍微压实土壤，及时浇好定根水，以确保成活率，在光照过强时段和地段应做遮阳处理，成活后要勤于管理，做好除草和肥水管理。

第二节　多花黄精的套作方法

由于多花黄精生长周期较长，且其生长需要一定的荫蔽环境，因此为充分利用土地资源和增加田间荫蔽度实现增收、增产，在实际种植中多花黄精可与其他经济作物进行套作。通过结合基地实验研究、相关文献报道和当地农户种植经验，现将多花黄精套作种植流程总结如下。

多花黄精与经济林分、粮食作物套作

1. 多花黄精与经济林分套作

栽植多花黄精应严格按照《中药材生产质量管理规范》的规定选择栽培环境，土壤以质地疏松、保水力好的壤土或沙质壤土为宜。选择杉木、核桃、板栗、枫香等林分种植，透光率可控制在 50% ~ 70% 的林分适合套种多花黄精（彩图 5-1）。

2. 多花黄精与粮食作物套作

多花黄精喜荫蔽，因此与之间作的粮食作物最好是玉米（高粱）等高秆作物，最好是中晚熟玉米。种植时，每种植 4 行多花黄精再种植玉米 2 行，也可以 2 行玉米 2 行多花黄精或 1 行玉米 2 行多花黄精。间种玉米一定要春播、早播。玉米与多花黄精的行距约 50 cm，太近容易争夺土壤养分，影响多花黄精的产量，太远不利于遮阴，达不到荫蔽效果（彩图 5-2）。

第三节　多花黄精的田间管理

一、中耕除草

在多花黄精生长期间要经常进行中耕除草，可在 4 月、6 月、9 月各进行一次。锄草和松土时注意宜浅不宜深，避免伤根，生长过程中也要经常培土。第 2 ~ 3 年因根状茎串根，地上茎生长较密，拔除杂草即可。大面积栽培可考虑土膜覆盖法防除杂草，方法：苗高 6 ~ 9 cm 时选用农用微地膜畦面覆盖，膜上逢苗放孔，压土遮光防除杂草（彩图 5-3）。

二、疏花摘蕾

多花黄精以根状茎入药，开花结果后营养生长转向生殖生长，会把大量营养输送给花和果实，因而不利于根状茎的生长，因此要进行疏花摘蕾，摘蕾后可减少养分的消耗促进养分向根茎转移，促使新茎粗大肥厚。一般在5月初即可将以收获根茎为目的多花黄精花蕾剪掉（留种的可在翌年花期时保留花蕾）。

三、水分管理

多花黄精喜湿怕干，田间应经常保持湿润。但进入雨季要提前做好清沟排水准备，宜起深沟排涝，畦面浅开斜沟防渍水、避免积水造成多花黄精烂茎。旱季宜喷灌、浇灌以保证土壤水分。

四、施肥管理

每年结合中耕除草进行追肥，第一次追肥于中耕后施入腐热农家肥1 000～1 500 kg/亩，以促进茎的快速生长，第二次追冬肥要重施，每亩施用土杂肥1 000～1 500 kg，并与过磷酸钙50 kg、饼肥50 kg混合拌匀，开沟施入，注意不要与植株根系直接接触，施后覆土盖肥防止淋溶流失。

土膜覆盖法栽培时追肥可由浇水施肥改为喷施叶面肥。注意施肥时不要使用含氯复合肥，否则易造成多花黄精商品味苦。

五、清园灭菌

关于多花黄精种植地的清园灭菌，相关文献报道有使用神农丹的，但我们查阅相关资料后发现神农丹毒性残留较大，目前我国已禁止其在黄精等根茎类中药材种植中使用，故不推荐种植户在以后的种植中使用。综合相关技术，我们建议多花黄精栽培整地时可用多菌灵进行土壤消毒处理，要施在15 cm土层以上。做成平畦或高畦，畦宽120～130 cm，沟宽90～100 cm，畦高10～20 cm。

第六章　多花黄精的病虫害防治

植物病原体和害虫等是制约作物生产的主要因素，病虫害的发生和影响在很大程度上是由天气条件和气候驱动的。因此，病虫害在长期气候变化对作物生产力的潜在影响中起着关键作用。

第一节　病虫害的防治措施

一、农业防治

优选抗（耐）病虫种苗：选用对当地主要病虫有较好抗（耐）性的良种。

平衡施肥：增施、深施有机肥，推广施用配方肥，提高多花黄精的抗病虫害能力。

适当中耕，合理除草：春季浅耕，改善土壤通透性，破坏地下害虫等害虫栖息场所，减少害虫基数；秋末结合施基肥，进行深耕。恶性杂草采取人工去除，适当保留盖地植被。

清洁生产：多花黄精生长期间，当田间出现病株时，及时摘除为害的叶片、果实或拔除整株植株，带出田外深埋或烧毁，减轻病害传播蔓延；在进行中耕培土、除草或农作时应减少对作物的机械损伤，防止多花黄精受伤染病造成病害传播。

二、生态调控

新建多花黄精周围适当保留乔灌树林、竹园等植被，在周边种植适宜树种，改善生态环境。间种蚕豆、豌豆、玉米等作物，丰富植被，吸引天敌及中性昆虫，维护生物多样性，增加蜘蛛、寄生蜂、草蛉等天敌的种群数量。

三、物理防治

色诱：多花黄精出苗后，每亩放置 15～20 块黄板，诱集二斑叶螨等害虫；黄板悬挂高度应高出多花黄精植株顶部 15～20 cm。

灯诱：利用害虫的趋光性，安装太阳能频振式杀虫灯，挂灯高度根据多花黄精株高而定，一般按虫口距黄精冠面 60 cm 左右为宜。根据开阔度及杀虫灯功率特性，灯间距可为 50～100 m，单灯控制面积在 3 335～6 670 m²。杀虫灯呈棋盘式分布，开灯时间从 4 月上旬至 10 月底，主要诱杀金龟子、小地老虎等害虫。

四、生物防治

保护自然天敌：保护寄生蜂、草蛉、瓢虫、猎蝽等天敌昆虫，以及蜘蛛、蛙类、捕食螨、鸟类等有益生物，减少人为因素对天敌的伤害。

生物药剂：优先使用生物药剂防治多花黄精病虫害。

五、化学防治

在实施农业、物理、生物等防治措施后，在病虫害发生严重的情况下，根据多花黄精病虫害测报结果，按照《绿色食品农药使用准则》（NY/T 393—2020）药剂使用要求进行防治。

第二节　常见的病害种类

常见病害有根腐病、叶枯病、茎腐病和叶斑病等。主要是由真菌引起的，例如尖孢镰刀菌、交链孢菌、链格孢属、腐皮镰刀菌和刺盘孢属真菌等，使黄精叶片出现椭圆形和一些不规则的病斑，然后不断扩大，导致整个植株枯萎致死。一般病害也会随着黄精的生长逐渐加重。针对真菌的侵染，要及时采取相关措施，如化学防治和相关的栽培措施等。

一、根腐病

1. 发病症状

随着病害发展，植株叶片由下向上逐渐褪绿萎蔫最后枯死。感病后黄精根茎及茎基部收缩变细，呈水浸状，然后形成褐斑，褐斑逐渐扩大，主根出现凹陷腐烂。湿度大时根茎表面产生白色霉层，病部腐烂处维管束变褐（彩图6-1）。

2. 防治措施

栽植前对土壤进行杀菌处理，合理轮作。要定植前蘸根，用噁霉灵进行蘸根能够取得较好地预防效果。及时防治地下害虫和线虫的为害。田间管理时要注意加强肥水管理，合理通风。在发生初期，可使用丙环唑、咯菌腈、苯醚甲环唑·咯菌腈·噻虫嗪、咯菌·噻霉酮灌根防治。如果发生严重要拔除病株，并用石灰处理病株周围土壤，防止病原菌扩散。

二、白绢病

1. 发病症状

通常发生在苗木的根茎部或茎基部。感病根茎部皮层逐渐变成褐色，坏死，严重时皮层腐烂。苗木受害后，影响水分和养分的吸收，以致生长不良，地上部叶片变小变黄，枝梢节间缩短，严重时枝叶凋萎，当病斑环茎一周后会导致全株枯死。在潮湿条件下，受害的根茎表面或近地面土表覆有白色绢丝状菌丝体。后期在菌丝体内形成很多油菜籽状的小菌核，初为白色，后渐变为淡黄色至黄褐色，以后变茶褐色。菌丝逐渐向下延伸及根部，引起根腐。有些树种叶片也能感病，在病叶片上出现轮纹状褐色病斑，病斑上长出小菌核（彩图 6-2）。

2. 防治措施

圃地选择：育苗地要选择土壤肥沃、土质疏松、排水良好的土地。下雨后及时排除田中积水。

加强管理：在生长期要及时施肥、浇水、排水、中耕除草，促进苗木旺盛生长，提高抗病能力。夏季要防暴晒，减轻灼伤危害，减少病菌侵染机会。

药物防治：使用咯菌腈·精甲霜、苯醚甲环唑、吡唑醚菌酯或戊唑醇，浇灌病株根部；也可每亩用 20% 甲基立枯磷乳油 50 mL，加水 50 kg，每隔 10 d 左右喷 1 次。

三、茎腐病

茎腐病是一种广泛分布于世界各地的毁灭性病害。

1. 发病症状

在秋季表现为地上部的叶片、叶柄和茎上出现褐色病斑，很快软腐。翌年春天，三叶草萌发时表现出该病的典型症状。病株生长缓慢，叶片卷曲，色淡并带有淡紫色。茎基、根茎及根部变褐、腐烂，潮湿条件病株很快死亡，病部出现白色絮状霉层。当土温升高、湿度减少时，病组织表皮脱落或表现为干腐，其上霉层变致密，并逐渐形成白色团块，后转为黑色粒状物，即菌核（彩图 6-3）。

2. 防治措施

圃地选择：育苗地要选择土壤肥沃、土质疏松、排水良好的土地。

深翻改土，加强田间管理。下雨后及时排除田中积水。

药物防治：五氯硝基苯对土壤进行消毒处理（5 kg/hm² 施于土壤中），或使用咯菌腈，浇灌病株根部；也可每亩用 20% 甲基立枯磷乳油 50 mL，加水 50 kg，每隔 10 d 左右喷 1 次。

四、叶圆斑病

1. 发病症状

主要为害叶片，苗期、生育后期均可发生，初在叶缘或叶面现圆形或半圆形至不规则形大小不等的凹陷斑，病斑中间褪为白色至灰白色，从褪色部向外为一圈紫褐色或红褐色圈，褪色部与紫褐色圈及其与健部交界明显。植株衰老时，叶片枯死，病斑上长出灰黑色霉状物，即病原菌分生孢子梗和分生孢子（彩图 6-4）。

2. 防治措施

加强管理，减少越冬菌源，合理施肥、合理通风，控制湿度。

选用 25% 丙环唑乳油 5 000 倍液、10% 苯醚甲环唑水分散剂 600 倍液、65% 代森锌可湿性粉剂 500 倍液。

五、炭疽病

1. 发病症状

叶上产生圆形至不规则形病斑，褐色至灰褐色，具颜色较深的边缘，四周有时生宽窄不一的黄色晕圈，斑上生轮纹状或散生的黑色小粒点，粉红色发黏分生孢子团（彩图 6-5）。

2. 防治措施

使用苯醚甲环唑、吡唑代森锌，在发病初期喷施，视发病情况隔 7～10 d 再喷 1 次。

六、叶尖 / 缘坏死病

1. 发病症状

叶边缘呈红褐色坏死，病斑边缘颜色深，红褐色；中间颜色浅，灰白色（彩图 6-6）。

2. 防治措施

丙硫菌唑、氰烯菌酯、丙唑·戊唑醇、戊唑·噻霉酮、氰烯·戊唑醇，在发病初期喷施，视发病情况隔 7～10 d 再喷 1 次。

七、叶紫斑病

1. 发病症状

病斑初呈红褐色小点，后逐渐扩大连成片，病斑发展至后期深紫色，病斑中心易碎裂，致使叶片脱落，早衰（彩图 6-7）。

2. 防治措施

可选择 10% 多抗霉素可湿性粉剂 1 000 倍液、2% 春雷霉素水剂 800 倍液、25% 嘧菌酯悬浮剂 1 000 倍液、10% 氟硅唑水乳剂 1 800 倍液、10% 苯醚甲环唑水分散粒剂 2 000 倍液、43% 氟菌·肟菌酯（露娜森）悬浮剂 3 000 倍液。视发病情况隔 7～10 d 再喷 1 次。

在药剂防治时应注意药剂轮换使用，尤其是内吸性杀菌剂不能长期连续使用，以免病菌产生抗药性。

八、锈病

1. 发病症状

发生初期在叶和茎上出现浅黄色斑点，随着病害的发展，病斑数目增多，叶、茎表皮破裂，散发出黄色、橙色、棕黄色或粉红色的夏孢子堆。用手掳一下病叶，手上会有一层锈色的粉状物。

感染锈病的植株生长不良，叶片和茎变成不正常的颜色，生长矮小，光合作用下降，严重时叶片枯萎，导致植株死亡（彩图6-8）。

2.防治措施

改良土壤，合理施肥，提高植株抗病性。选择好圃地，避免与海棠等仁果类阔叶树或桧、柏等针叶树混植；考虑寄主植物的方位，把针叶树种在下风口。

减少侵染源，休眠季节及时清除枯枝败叶，喷洒石硫合剂；生长季及时摘除病枝病叶。通风透光，降低空气湿度，控制发病条件。

药剂防治：25%三唑酮可湿性粉剂1 500～2 000倍液，或70%甲基硫菌灵1 000倍液，或200～300倍液敌锈钠。每隔7～10 d喷洒1次。

九、青霉病

1.发病症状

主要发生在贮存黄精根茎和果实上，后逐渐长出青霉，湿度大时，青霉扩展（彩图6-9）。

传播途径和发病条件：多在有伤口的根茎上发生，病菌腐生性强，借空气、土壤传播。

2.防治措施

降低环境湿度、低温存放，经常检查，减少根茎机械伤口。

十、黄化病

该病病因较多，其中较为常见的是缺铁性黄化，严重时叶片变褐干枯。此外缺硫、缺氮以及光照过强、浇水过多、低温、干旱等也会引起叶片黄化（彩图6-10）。此类病害主要通过加强栽培管理、合理施肥等措施解决，一般不需用药。

以上几种常见病害防治措施见表6-1。

表6-1 常见病害防治措施

防治对象	药剂	施用方法
炭疽病	苯醚甲环唑、吡唑代森锌	发病初期喷施，视发病情况隔7～10 d再喷1次
叶斑病	苯醚甲环唑、烯唑醇、吡唑醚菌酯	发病初期喷施，视发病情况隔7～10 d再喷1次
黑斑病	苯醚甲环唑、烯唑醇、吡唑醚菌酯	发病初期喷施，视发病情况隔7～10 d再喷1次
灰霉病	丙硫菌唑、氰烯菌酯、丙唑·戊唑醇、戊唑·嘧霉酮、氰烯·戊唑醇	发病初期喷施，视发病情况隔7～10 d再喷1次
根腐病	丙环唑、咯菌腈、苯醚甲环唑·咯菌腈·噻虫嗪、咯菌·噻霉酮	灌根防治
茎腐病	咯菌腈	灌根防治
白绢病	咯菌腈·精甲霜、苯醚甲环唑、吡唑醚菌酯或戊唑醇	灌根防治

第三节 常见的害虫种类

随着多花黄精种植年限的增加，病虫害日益严重。常见的害虫有蛴螬、地老虎等。

一、蛴螬

1. 为害症状

蛴螬是世界性的地下害虫，为害很大。

为害主要以春秋两季最重。幼虫取食黄精根茎，被钻成孔眼，造成黄精无食用价值；当植株枯黄而死时，它又转移到别的植株继续为害（彩图6-11，彩图6-12）。

蛴螬造成的伤口还可诱发根腐病等病害。

2. 防治措施

合理施肥，施用的农家肥应充分腐熟。用噻虫胺、噻虫胺·氟氯氰菊酯喷雾、喷粉或撒毒土进行防治。微生物防治，如绿僵菌防治。设置黑光灯诱杀成虫，减少蛴螬的发生数量。

二、小地老虎

1. 为害症状

属杂食性昆虫，以幼虫为害幼苗。幼虫在3龄以前昼夜活动，多群集在叶或茎上为害；3龄以后分散活动，白天潜伏土表层，夜间出土为害，咬断幼苗的根或咬食未出土的幼苗，常常将咬断的幼苗拖入穴中。幼虫共6龄，3龄前在地面、杂草或寄主幼嫩部位取食，为害不大；3龄后昼间潜伏在表土中，夜间出来为害，动作敏捷，性残暴，能自相残杀。老熟幼虫有假死习性，受惊缩成环形（彩图6-13）。

2. 防治措施

诱杀成虫：用糖、醋、酒诱杀液或甘薯、胡萝卜等发酵液诱杀成虫。也可用黑光灯诱杀。

诱捕幼虫：用泡桐叶或莴苣叶诱捕幼虫，于每日清晨到田间捕捉；对高龄幼虫也可在清晨到田间检查，如果发现有断苗，拨开附近的土块，进行捕杀。

药剂防治：一定要掌握在3龄以前。3月底至4月中旬是第1代幼虫为害的严重时期。对不同龄期的幼虫，应采用不同的施药方法。幼虫3龄前用喷雾、溴氰菊酯喷粉或撒毒土进行防治；3龄后，田间出现断苗，可用溴氰菊酯毒饵、毒草诱杀或诱捕成虫。

三、瘿蚊

1. 为害症状

主要以幼虫为害叶片，取食刺激叶片，产生小型疱状虫瘿，导致叶片扭曲畸形不能正常生长和开花（彩图6-14）。

2. 防治措施

使用 20% 菊马乳油 30 ~ 40 mL，兑水 30 ~ 45 kg 喷雾。也可用 10% 吡虫啉 4 000 ~ 6 000 倍液喷雾。

四、红蜘蛛

1. 为害症状

红蜘蛛繁殖力强，一年发生多代，发育速度快，周期短，两性、孤雌均可繁殖，适应性强，传播方式广。

一般情况下，在 5 月中旬达到盛发期，7—8 月是全年的发生高峰期，尤以 6 月下旬至 7 月上旬为害最为严重。常使叶片枯黄泛白，影响植株生长（彩图 6-15）。

气候：对大多数红蜘蛛来说，均属于高温活动型。温度的高低决定了红蜘蛛各虫态的发育周期、繁殖速度和产量的多少。干旱炎热的气候条件往往会导致其大发生。因此，一定在高温干旱季节来临之前及时防治。

2. 防治措施

天敌：害虫的自然天敌种类和数量很多，主要有深点食螨瓢虫、束管食螨瓢虫、异色瓢虫、大、小草蛉、小花蝽、植绥螨等，它们对控制害虫种群数量起到积极作用。因而，在防治害虫时勿伤天敌。

化学防治：使用 10% 苯丁哒螨灵乳油（如国光红杀）1 000 倍液或 10% 苯丁哒螨灵乳油（如国光红杀）1 000 倍液 +5.7% 甲维盐乳油（如国光乐克）3 000 倍液混合后喷雾防治，建议连用 2 次，间隔 7 ~ 10 d。

五、黄足黑守瓜

1. 为害症状

幼虫和成虫都能带来为害。

此虫发生严重时，十几头成虫群集中下部叶柄咬成许多孔洞，使之凋萎折断。幼虫最初食叶背叶肉，长大后直接食嫩叶、花瓣、花蕾、嫩果。受害植株，叶上留下不规则洞穴，严重时心叶被食尽，植株生长受到影响（彩图 6-17）。

2. 防治措施

应避免种苗传带，抓好繁育圃和假植圃的灭虫工作，尽量将害虫消灭在定植前。

在春季产卵盛期（5 月）把植株底部的枯黄老叶摘除烧毁，以消灭大量卵块，减少虫源。

在低龄幼虫期和成虫发生盛期喷 2.5% 溴氰菊酯乳油 3 000 倍液进行防治。

六、其他食叶害虫（叶蜂、灯蛾）

1. 为害症状

为暴食性害虫，取食黄精叶片（彩图 6-16）。

2. 防治措施

使用 3.2% 阿维菌素乳油 3 000 倍液，25 g/L 溴氰菊酯乳油 2 000 倍液，或者 10% 高效氯氟氰菊酯水乳剂 4 000 倍液喷雾，注意保护环境安全。

七、仓储虫害（印度谷螟）

1. 为害症状

以幼虫为害黄精根茎。幼虫蛀食成孔洞、缺刻，常吐丝连缀排泄物，并结网封闭其表面，使其无法使用（彩图 6-18）。

2. 防治措施

清洁卫生防治。日光暴晒或烘干。诱杀。掌握在化蛹前及越冬前，用麻袋等物盖在仓储物表面诱杀；或在成虫羽化期用性信息素诱捕器诱杀。低温封闭保存。

以上几种常见虫害防治措施见表 6-2。

表 6-2　常见害虫防治措施

防治对象	药剂	施用方法
蛴螬	噻虫胺、噻虫胺·氟氯氰菊酯	喷雾、喷粉或撒毒土进行防治
小地老虎	溴氰菊酯	幼虫 3 龄前用喷雾、喷粉或撒毒土进行防治，3 龄后田间出现断苗，可用毒饵或毒草诱杀
瘿蚊	噻虫嗪、吡虫啉、溴氰菊酯、啶虫脒	喷雾防治
红蜘蛛	苯丁哒螨灵乳油	喷雾防治

第四节　其他有害生物

一、草害

在 4 月至 6 月底进行除草（彩图 6-19）。

除草方式主要以人工拔除杂草为主。

稻壳覆盖：防止杂草效果明显，同时可保温、保湿，腐烂后可作为天然有机肥。

防草布防草：种子育苗和栽植（彩图 6-20）。

二、蜗牛（彩图 6-21）

经常检查，及时捕杀。

撒施 8% 灭蜗灵颗粒剂或 10% 多聚乙醛颗粒剂（1.5 g/m^2）。

每亩用生石灰 5 ~ 7 kg，于为害期撒施于沟边、地头或作物行间，以驱避虫体为害作物幼苗。

三、麂子

麂子主要取食叶片、幼嫩植株，影响黄精正常生长（彩图 6-22）。

四、野猪

野猪是一种主要以植物为主的杂食动物，以嫩叶、坚果、浆果、草叶和草根为食，并用坚硬的鼻子从地面挖掘根和根茎。野猪在冬春季节常常进入黄精地觅食，践踏或拱出黄精根茎，对黄精的种植为害极大。野猪已成为中国当前致害范围最广、造成损失最严重的野生动物（彩图 6-23）。

第七章　多花黄精的采收和初加工工艺

药材从采收到病人服用前，中间需要经过若干不同的处理，这些处理通常为笼统称为"加工"或"加工炮制"。凡在产地对药材的初步处理与干燥，称之为"产地加工"或"初加工"。产地加工是指对刚采挖、采撷的中药材依据其不同性质进行就地加工。产地加工可以去除药材的非药用部位，终止药材的生理生活状态，最大程度保留药材的有效成分，降低毒性，缩短干燥时间，防止霉变虫蛀等，有利于提高药材质量，便于药材的运输和储存。

黄精作为传统中药，在我国有着悠久的历史，且具有很高的药用价值。鲜黄精采收以后不能长期存放，应及时进行产地初加工及干燥处理，才能降低酶活、减少微生物分解，有效保持其药用成分含量，便于贮藏和运输。生黄精经过初加工后，消除其刺激性及毒性，糖性变浓，利于服用，也减少了后序炮制的工作量。

第一节　多花黄精的采收

一、黄精最佳采挖时间的确定

1. 采收年限及采收时期

黄精为多年生植物，古代本草著作尚未记载其采收年限。现在认为野生者5年后可供药用，栽培的3～4年者即可采挖。当茎秆上叶片完全脱落时即可采收，春秋两季均可采挖，以秋季采收最好。选择在12月至翌年1月进行，为最佳采收期，此时收获的黄精量大而质优，能达到最佳药效质量（表7-1）。

表7-1　不同时期文献中黄精的采收年限及采购时期

时间阶段	文献著作	采收年限及时期
梁	《名医别录》	"二月采根，阴干"
宋	《本草图经》	"二月、三月采根，入地八、九寸为上"
唐	《千金翼方》	"二月采，阴干"
清	《本草详节》	"八月采"

时间阶段	文献著作	采收年限及时期
现代	《药材学》	"五年后，根茎有五六节时可供药用" "春秋二季均可采，以秋季 8～9 月产者为佳"
	《中国药材学》	"栽培的种后 3～4 年采收" "春、秋两季采挖，以秋季采者为好"
	《中药学》	"收采季节为八月"

2. 黄精主要成分与季节相关的变化

多花黄精在 9 月收获时期根茎中多糖含量最高，总糖含量以 11 月的根茎中最高，折干率以 11 月至翌年 1 月的根茎中最高。黄精多糖、醇提物、水提物含量在每年都随着生长时间的延长而呈现逐渐增加的趋势。多糖含量在 11 月出现 1 个急剧增长的峰值，11 月以后表现平稳；而醇提物含量在 9 月达到峰值，之后开始缓慢下降，到 12 月表现为平稳状态。综合多个指标特征可知，11 月至翌年 1 月，黄精根茎中的黄精多糖含量高且稳定。黄精多糖、薯蓣皂苷元和黄酮含量均在 9 月达到最大值，多糖、薯蓣皂苷元含量在 3 月最低，黄酮含量在 6 月最低。春季黄精萌发时会消耗部分有效成分，因此春季并不是黄精的最适采收时间。

3. 黄精主要成分与生长年限相关的变化

多花黄精的根茎由于物质转运、积累、逆境因素和有机物重新分布，不同龄节的干重及其品质并不均衡，随着龄节的增大，衰老使得根茎组织结构松散，活性成分流失，且降解大于合成，各项指标均出现下降。因此，低龄节代谢活跃，有机物积累多，而过老的龄节易导致多花黄精根茎整体品质下降。研究结果表明，二三年生多花黄精根茎各项指标均优于其他年份样品，且从浸出物、总糖及多糖含量来看，黄精的物质积累能力从第 4 年开始下降，而总灰分含量却开始升高，说明地上茎叶趋向老化，光合作用能力不及前 3 年。因此，结合生产成本等因素，建议多花黄精根茎繁殖的采收周期以 3 年为宜。

二、采收要求及注意事项

当根状茎饱满、肥厚、糖性足；表面泛黄，断面呈乳白色或淡棕色；气味浓烈嚼之有黏性；在老根茎先端或两侧未形成或刚刚形成新的顶芽和侧芽，茎节痕明显、凹陷，即达到采收标准。

应选择在无烈日、无雨、无霜冻的阴天或多云天气进行采收，如果选择在晴天采收应选择在 15 时以后进行。

土壤湿度在 20%～25% 范围内收获较好，此时土壤容易与多花黄精根茎疏松分离，不易伤根茎，根茎的颜色泛黄，表面无附着水，用滤纸粘贴吸水微量吸附，下雨天气或土壤湿度过大均不宜采收。

按多花黄精垄栽方向，依次将多花黄精根茎带土挖出，去掉茎叶，将泥土刮掉，注意不要弄伤根茎，须根无须去掉，如有伤根，另行处理。注意在产地加工以前，不要用水清洗（彩图7-1，彩图7-2）。

第二节　黄精加工方式

一、黄精传统加工方式

黄精加工方法多达20余种，以蒸煮法为主。从古至今，黄精入药以生用为主，蒸熟（单蒸、复蒸、九蒸九晒、酒制等）的黄精，既可药用，也可养生；黄精的加工方法主要有洗净阴干、单蒸、重蒸、九蒸九晒、加辅料蒸煮、蒸后切片晒干等。生黄精经过九蒸九晒炮制后从里到外乌黑发亮、质地柔软，嚼之有黏性，味甘，薄片者光亮透明（表7-2）。

表7-2　黄精历代加工方法

年代	文献著作	加工炮制方法
南北朝	《雷公炮炙论》	"凡采得，以溪水洗净后，蒸，从巳至子，刀薄切，曝干用（该书特地注明了蒸制时间达14 h，再取出切薄片晒干）"
	《名医别录》	"二月采根，阴干"
东晋	《抱朴子》	"仙家称名黄精，俗呼为野生姜，洗净九蒸九暴粮，可过凶年"
唐朝	《千金翼方》	九月末掘取根，拣取肥大者，去目熟蒸，微曝干又蒸。曝干食之如蜜。可停
	《食疗本草》	饵黄精，能老不饥。其法：可取瓮子去底，釜上安置令得，所盛黄精令满。密盖，蒸之。令汽溜，即曝之。第二遍蒸之亦如此。九蒸九曝。三、四斗。凡生时有一硕，熟有蒸之若生，则刺人咽喉。曝使干，不尔朽坏
宋朝	《太平圣惠方》	取生黄精"三斤，净洗，于木臼中捣绞取汁，旋更入酒三升，于银锅中以慢火熬成煎"
	《证类本草》	"今按别本注：今人服用，以九蒸九曝为胜，而云阴干者恐为烂坏"，认为阴干容易导致黄精烂坏，宜采用九蒸九晒者为佳
	《本草蒙筌》	"洗净九蒸九曝代粮，可过凶年。因味甘甜，又名米铺入药疗病，生者亦宜"
明朝	《本草纲目》	沿成雷氏之法
	《本草原始》	"先以溪水洗洁净，用木甑釜内安置得所，入黄精令满，密盖，蒸至气溜，暴之。如此九蒸九暴。饵之若生，则刺人咽喉"
	《鲁府禁方》	"（黄精）四两，黑豆二升，同煮熟去豆，忌铁器"
	《修事指南》	"凡使黄精，须溪水洗净蒸之，从巳至午，薄切片，暴干用"
清朝	《本草从新》	"去须，九蒸九晒用"
	《本草求真》	"九蒸九晒用"

二、黄精现代初加工技术

黄精药材的用途可以分为药用和食用。作为药用，黄精类药材采用先蒸后晒干的方法，以最低成本达到保持药材的质量和方便储藏的目的。作为食用，为了消除黄精的刺激性和毒性，采用更进一步的炮制加工工艺。生黄精具有麻味，生品服用时，口舌麻木，刺激咽喉，故不宜生用，须经炮制，消除其刺激性及副作用。有文献及临床实践证明，黄精中的黏液质正是属于水溶性多糖，黄精炮制后黏液质大量被除去，导致药材中多糖的提取收率下降，达到消除刺激咽喉副作用的目的，且在一定程度上改变黄精药效。

黄精产地初加工的干燥过程是生产中的重要环节，是促使鲜黄精药用部位含水量减少、黄精药性形成和便于后期药材炮制再加工的重要环节。黄精传统的产地加工干燥方法有自然干燥和烘干两种。现代临床均以酒制及清蒸黄精为主，其他炮制品已基本不用。

目前，2020 版《中国药典》中记载的黄精炮制方法有两种，一为黄精，一为酒黄精。黄精取黄精除去杂质，洗净略润后，切厚片，干燥。酒黄精取净黄精，按酒炖或蒸法弄熟，稍晾后切厚片，干燥。

2008 年版《江西省中药饮片炮制规范》中收载了建昌帮特色炮制品炆黄精的工艺，即取生品黄精，去除杂质，洗净，用净水漂约 1 d，取出，沥干水，放入陶制坛子内，每坛大约装药至 2/3 处，加入 3 倍量温水，密闭，放入事先搭建好的围灶内，先在坛间放少许炭，后放入大量谷糠，点燃后炮制 1 d（不可见火苗），至水分完全被黄精吸尽为度，取出，干燥。每 100 kg 黄精用黄酒 20 kg。

2008 年版《北京市中药饮片炮制规范》中收载酒黄精炮制，取原材料，除去杂质，按大小分开加黄酒拌匀，闷润 4 ~ 8 h 装入密闭的蒸罐内，隔水或蒸气加热，蒸 24 ~ 32 h 至色泽黑润时，取出，稍晾后切厚片（2 ~ 4 mm），干燥。

1. 采收

黄精根茎繁殖的于栽后 3 年、种子繁殖的于栽后 5 年采挖。以秋末冬初采收为好。采收时，把全株挖起，抖去泥土，除去地上茎和根茎上的须根，运回加工。

2. 晒干（自然干燥）

将黄精放置在阳光下面进行铺晒，利用阳光的热量将药材当中的水分蒸发出来，达到所需干燥的要求。在这一过程当中，阳光中的紫外线能够杀灭药材当中的虫卵，高温可消除掉一些霉菌和其他细菌。晒干操作简单，不需要专业的设备，适合大批量药材进行产地加工，但是受天气环境影响较大，不可控因素较多，容易造成药材质量不稳定。

3. 烘干

它是一种人为利用辅助设备进行加热的方法，即将要加工的黄精放到烘箱、干燥房等地方，把空气加热后对其进行干燥。这个方法适宜在大型的规范化药材生产基地使用，干燥快速、用时较少、省人工，受天气等环境的制约较小，可以调控其温度，适合干燥加工各种药材，是一种传统的简便经济的药材干燥方法。现在较为新式的干燥技术还有远红外干燥技术等、微波干燥技术、真空冷冻干燥。

4. 黄精初加工方式

（1）初加工。取黄精新鲜药材，除去须根、霉变品及泥沙杂质，洗净，沥干水分，105℃初加工 30 min，切片，65℃干燥至水分小于 18.0%，即得。

（2）蒸。取黄精新鲜药材，除去须根、霉变品及泥沙杂质，洗净，沥干水分，于蒸柜蒸至透心（约 30 min），取出沥干水分，切片，65℃干燥至水分小于 15.0%，即得。

（3）烫。取黄精新鲜药材，除去须根、霉变品及泥沙杂质，洗净，沥干水分，切片，于沸水中烫至透心，取出沥干水分，65℃干燥。

5. 多花黄精炮制方式

（1）黄精饮片的制备。取黄精药材出去杂质、洗净、略润、切厚片后干燥即得黄精饮片（彩图 7-3）。

（2）黄精根茎清蒸。取黄精新鲜药材，除去须根、霉变品及泥沙杂质，洗净，沥干水分，切片，于蒸柜内常压蒸制 27 h，至色泽黑润后取出，放冷，65℃干燥至水分小于 15.0%，即得黄精新鲜药材清蒸炮制品。取黄精饮片同上清蒸处理，即得黄精饮片清蒸炮制品（彩图 7-4）。

（3）黄精九蒸九制。取黄精新鲜药材，除去须根、霉变品及泥沙杂质，洗净，沥干水分，切片，于蒸柜内常压蒸制 3 h，取出于烘箱内烘 30 min，重复 9 次，至色泽黑润后取出，放冷，65℃干燥至水分小于 15.0%，即得黄精新鲜药材九蒸九制炮制品（彩图 7-5）。

（4）黄精酒蒸。取黄精新鲜药材，除去须根、霉变品及泥沙杂质，洗净，沥干水分，切片，加 20% 黄酒拌匀，浸润 12 h，密封，于蒸柜内蒸 27 h，至色泽黑润后取出，放冷，65℃干燥至水分小于 15.0%，即得黄精新鲜药材酒制炮制品。取黄精饮片同上酒制处理，即得黄精饮片酒制炮制品。

三、黄精炮制前后有效成分的含量变化

近年来对传统酒黄精、蒸黄精和地方特色炮制工艺等进行了系列研究，炮制前后药物成分的变化及炮制对药理作用产生的影响等方面研究取得了明显进展，但由于黄精为多基原药材，所含化学成分复杂多样，没有明确的质量标志物，无论是传统方法还是地方特色炮制法，工艺参数一直难以统一。

1. 浸出物的含量变化

多花黄精经不同初加工处理，浸出物的含量均显著高于不同炮制后。参照《中国药典》方法测定，不同初加工方式中以烫处理浸出物含量最高，显著高于蒸和 105℃两种方式；在炮制处理中，新鲜药材与饮片的浸出物含量差异不显著，在新鲜药材中，浸出物含量为酒蒸＞清蒸＞九蒸九制，在饮片中浸出物含量为九蒸九制＞酒蒸＞清蒸。

2. 多糖的含量变化

多花黄精经不同初加工处理，其多糖含量与炮制后均有显著差异。参照《中国药典》方法测定，不同初加工方式中，多糖含量变化为烫处理＞蒸处理＞105℃处理，烫处理显著高于其余2种处理方式；经过炮制后的多花黄精，新鲜药材和饮片中均以酒蒸处理的多糖含量最高，但与九蒸九制和清蒸的差异不显著；在新鲜药材中，多糖含量为酒蒸＞清蒸＞九蒸九制；在饮片中，多糖含量为酒蒸＞清蒸＞九蒸九制。总体上，多糖含量的变化趋势为未炮制前＞饮片炮制＞新鲜药材炮制。

3. 总黄酮含量变化

烫处理的总黄酮含量显著高于105℃和蒸处理；炮制后的总黄酮含量均出现不同程度的下降，其中以新鲜药材清蒸处理、饮片清蒸处理降幅最大，其次为新鲜药材九蒸九制、饮片九蒸九制；酒蒸处理的总黄酮含量，在新鲜药材炮制与饮片炮制中的变幅较小，不同炮制处理间无显著差异。

4. 总皂苷含量变化

黄精炮制后的总皂苷含量急剧升高。炮制前的不同初加工处理中，总皂苷的含量变化为烫处理＞105℃处理＞蒸处理；炮制后的不同处理中，以酒蒸处理的总皂苷含量最高，饮片略高于新鲜药材，其次清蒸处理，饮片略高于新鲜药材，最后为九蒸九制，饮片略高于新鲜药材。

5. 炮制过程中黄精新产生的化学成分及其含量的影响

通过对黄精炮制前后二氯甲烷萃取物的高效液相色谱图的对比分析，发现黄精在炮制过程中产生了两种新的化学成分，5-羟甲基麦芽酚和5-羟甲基糠醛。发现随着炮制时间的延长，黄精中的5-羟甲基麦芽酚含量逐渐增加，达到最大24 h，然后逐渐减少；5-羟甲基糠醛的量随着处理时间的延长而逐渐增加。

目前，《中国药典》2020年版对黄精、酒黄精的质量评价仅以多糖含量为标准。研究表明，5-羟甲基麦芽酚具有很强的抗氧化能力，在体外具有抗氧化作用，而5-羟甲基糠醛具有抗氧化作用，改善血液流变学和抗炎作用。黄精加工后，这两个组分呈现出有规律的变化。因此，5-羟甲基糠醛和5-羟甲基麦芽酚可以被认为是黄精饮片质量控制的指标性成分，以提高黄精饮片的质量标准，并可用于区分黄精生品与炮制品。

第三节 黄精在保健品及食品中的应用

一、黄精在保健品中的应用

由于黄精的抗氧化、抗衰老、调节血糖、调节免疫力、改善记忆等作用，其能够用来治疗糖尿病及并发症、冠心病、原发性高血压、高脂血症、肺结核、慢性肺炎、卵巢功能减退、淋巴结核、白细胞减少、便秘、失眠、皮肤病、肺间质纤维化、狼疮性肾炎等多种病症。因此黄精在保健品方面应用广泛，截至2022年8月，把黄精作为主要的原料申报的"国食健字"397种，申报功能主要集中在增强免疫力、缓解体力疲劳、辅助降血糖等，黄精与其他药味的配伍情况依次为枸杞子、黄芪、人参、西洋参、淫羊藿、茯苓、马鹿茸、山药、当归、葛根、大枣等，产品剂型主要有胶囊、片剂、酒剂、口服液、颗粒剂等。

中药类保健食品契合了中药治未病和"大健康"发展的要求，在国际和国内市场有着很大的市场前景和发展空间。黄精作为药食两用药材，具有增强免疫、抗氧化、调节血糖、调节血脂等多方面的药理作用，且黄精口感甘甜，民间使用广泛，黄精保健食品有着不可替代的优势。

1. 黄精酒

目前黄精酒的研制可按其生产工艺分为黄精酿造酒和黄精露酒。黄精酿造酒是指将黄精或黄精提取物添加到未发酵的粮食中，然后将黄精与粮食同时进行酿造而制成的酒，例如发酵型黄精米酒等。黄精露酒通常是指在已有的饮用酒中直接添加黄精或黄精提取物后调制而成的饮用酒。

（1）黄精山楂酒。以山楂和酒黄精为原料，生产具有保健功效的黄精山楂酒，糖添加量为20%、酵母添加量为0.15%、发酵温度为28℃和酒黄精添加量为3%，在此条件下制作的黄精山楂酒酒精度为10.55%vol，总酸含量为13.97 g/L，还原糖含量为7.84 g/L，总糖含量为13.07 g/L。

（2）黄精苹果酒。以酒黄精和苹果为原料，酵母添加量为0.10%、发酵温度为26℃、酒黄精添加量为2.0%和含糖量为20%，通过发酵，黄精苹果酒产生大量风味物质和营养物质。果香、酒香较突出，香气自然，口味醇厚纯正。

目前，市场上的黄精酒多数仍为传统的黄精浸泡酒，这种传统的黄精保健酒的酒精度偏高，多数青年和女性不会选择饮用，使其消费市场受到了极大的限制，而酿造型黄精酒的酒精度比浸泡酒小很多，更能迎合大多数消费者的喜好。发酵型黄精保健酒工艺技术含量较高，功效强、口味佳的新型保健酒产品还应加强发酵型黄精保健酒的生产工艺探究，建立完善质量标准体系，从而更好地推动新型黄精保健酒加工业的发展。

二、黄精在食品中的应用

黄精食品加工时通常是把黄精制成的浸提液或干燥打粉跟食品配套，能够较为方便地把黄精多糖添加到食品里，从而增加食品功能性和营养性。常见的黄精食品有黄精米酒、黄精酸奶、黄精发酵功能饮料、黄精复合饮料等。参考《食品安全国家标准 食品添加剂使用标准》（GB 2760—2014）中的食品分类系统，目前黄精食品共分为七大类，有55种剂型。饮品和保健食品是黄精食品的主要方向。饮品中的酒、茶、饮料的种类最为丰富，开发技术较成熟。酒类中有保健酒、啤酒、果酒、红酒、红曲酒、黄酒、酒酿、粮食酒、露酒、麦冬酒、药酒；茶类中有茶酥、茶叶、果茶、黑茶、红茶、姜茶、苦荞茶、普洱茶、荞麦茶、首乌茶、速溶茶、乌龙茶、养生保健茶、袋泡茶、砖茶；饮料中有保健饮料、发酵饮品、复合饮料类、功能饮料、固体饮料、运动饮料、乳酸菌饮料。新型的食品种类如奶茶、咖啡、锅巴、饼干、黄精片、入味坚果、膳食纤维、蛋挞、果酱等，这些食品在目前生活中食用广泛，具有较高的开发价值（表7-3）。

表7-3 市场常见黄精食品汇总表

序号	剂型	黄精存在形态	黄精食品种类
1	饮品	黄精、九制黄精、黄精粉、黄精提取物、浸泡液	酒类、茶类、饮料、酸奶、咖啡、奶茶、速溶粉、冲剂
2	保健食品	黄精粉、黄精、黄精多糖	保健茶、保健酒、黄精片、膏类、汤羹类、药膳类、颗粒类、胶囊类
3	零食类	黄精粉、黄精多糖、黄精提取液	果脯类、饼干、咀嚼片、锅巴、糖果、蜜饯类、膨化食品、泡腾片、含片、罐头
4	主食	黄精粉、黄精膳食纤维	豆制品、功能性米制品、面粉、面包、挂面、粉丝、膳食纤维类、粥类、米粉类、代餐粉
5	调味品	发酵黄精、黄精	果酱类、醋类、豆酱类、烹调油、汤料包类
6	黄精制品	黄精提取物、黄精多糖	口服液、胶囊、黄精蛋白
7	糕点类	黄精粉	蛋糕、蛋挞、养生包、营养酥

1. 黄精乳产品

黄精酸奶是将黄精提取液和牛乳复配后接种菌种，然后通过发酵制成的一种口感独特且具有黄精功能性的保健酸奶。以牛乳、黄精、蔗糖为原料，黄精浸提液添加量15%、菌种接种量3.0%、蔗糖添加量8%、发酵时间4.0 h。黄精功能性酸奶因黄精九蒸九晒后呈黑褐色，生产出来的酸奶颜色一般为黄色，但香气浓郁，口味纯正，兼具酸奶特有的口感和黄精特有的香味。研究发现，黄精酸奶中含有的黄精多糖能够使黄精酸奶相比普通酸奶具有更适宜的酸度，从而改善了酸奶保质期短的问题。研究表明，黄精制成的乳制品的降脂作用优于单纯服用黄精或奶制品。

2. 黄精固体饮料

黄精速溶茶是以黄精为原料，用65%乙醇溶液、料液比1∶28（质量体积比m/V）浸提2 d，过滤，50 ℃旋转蒸发仪减压浓缩至1/3体积，浓缩液加入2%麦芽糊精，170 ℃喷雾干燥的黄精速溶茶加工工艺。产品为淡黄色或棕黄色粉末，沸水中完全溶解，口感微甜，带原药材香味。

黄精固体饮料的开发形式有多种形式，如将黄精提取物与其他原料调配后制成黄精泡腾片固体饮料，泡腾片固体饮料相对于普通饮料具有易于生产、保存、储运等优点。此外，还可以利用喷雾干燥和真空冷冻干燥技术生产高品质的黄精粉，这类黄精粉既可用于调配固体饮料，也可以作为黄精相关产品的原料。

3. 黄精饼干

黄精韧性饼干以高筋面粉 100% 计，大豆油添加量 10%，糖粉添加量 24%，糁子粉添加量 20%，黄精粉添加量 4%，在烤制温度上火 170 ℃、下火 160 ℃的条件下，烤制时间为 20 min，制得的饼干具有浓郁的糁子香味，口感松脆，后味持久。

4. 黄精脆片

将黄精粉末或者黄精提取物按一定比例与淀粉类食品原料混合后再进行微波膨化处理，可以得到黄精脆片类产品。果蔬脆片类食品是近年来比较流行的休闲食品，而微波膨化技术在休闲膨化食品中应用广泛，利用微波膨化技术加工食品能最大限度地保存食品原有的营养成分，加工时间短，膨化、干燥、杀菌工艺同时完成。

三、黄精开发存在的问题与展望

黄精作为药食两用的传统中药材，其悠久的食用历史为黄精在食品方面的开发奠定了坚实的基础。黄精保健食品的开发多依赖于黄精的活性成分。药理研究发现，黄精多糖具有多种保健功效和生物活性成分，可被广泛用于功能性食品开发中。黄精其他植物化合物如生物碱、黄酮、甾体皂苷、低聚糖、木脂素、氨基酸、挥发油等也可用于保健食品开发。

黄精食品开发潜力巨大，《国民营养计划（2017—2030 年）》强调要发展传统食养及相应产品的开发，发挥中医药特色优势。黄精作为药食两用品，其较普通的食品原料更具中医药特色，在食品开发中具有较大潜力。目前黄精食品的开发处于初级阶段，其研发主要在饮品方面，制备工艺简单。可在满足新兴食尚理念中寻找合适的食物种类，如黄精膳食纤维、黄精酸奶、膨化脆片、黄精糕点等，实现黄精食品多样化。在具备可行性和合理工艺基础上，将黄精与时下受欢迎的食品结合，深入开发食用和携带方便、符合当今社会快节奏的生活方式的黄精食品。

第八章 多花黄精的化学成分及其药理活性

第一节 多花黄精中的化学成分

黄精是多年生草本植物，生长缓慢，栽培黄精一般用种子和根状茎来繁殖，于晚秋或早春种植，其根状茎每年伸长生长 1 节，这样黄精根状茎的节随生长年限延长而表现出递增特性，为黄精生长期的确定提供了依据。黄精属植物根状茎可作药用，其根状茎中的主要化学成分为多糖、皂苷、黄酮、木脂素、氨基酸以及微量元素、挥发性成分等。现代研究表明，黄精中所含有的多种化学成分，具有很好的抗肿瘤、抗氧化、免疫调节、降血糖、抑菌抗炎等重要作用。

一、糖类

多糖作为黄精中最主要的成分，是药典评价黄精质量的重要指标。因生长环境和品种的差异，黄精多糖的含量存在较大的差异，一般含量范围为 4.5% ～ 21.3%；2020年版《中国药典》中规定的黄精多糖含量不得少于 7.0%。药用黄精中的糖类成分主要包括多糖和寡糖。其中，生黄精中多糖含量最高，且因炮制技术的改变导致多糖含量不同程度地降低（表 8-1）。

表 8-1 黄精多糖的含量分析

研究材料	提取方法	分析方法	实验结果
不同产地黄精（安徽九华山、贵州、河南周口等）	沸水提取	硫酸 – 蒽酮比色法	安徽九华山黄精多糖含量最高（17.79%）河南济源黄精中多糖含量最低（4.47%）
不同黄精材料（炮制黄精、愈伤组织及新鲜黄精）	超声粉碎法提取	苯酚 – 硫酸比色法	新鲜黄精中多糖的含量最高（7.04%）炮制黄精中多糖的含量最低（6.72%）
不同年份黄精（不同育成年份一年生至十年生）	沸水浴中回流提取	苯酚 – 硫酸比色法	九年生黄精中多糖含量最高（18.44%）一年生黄精多糖含量最少（13.02%）

多花黄精中的多糖的积累是其合成、转运和分解代谢的综合结果，受发育阶段、光照和营养物质等因素调节。随着黄精新芽的萌芽出土，光合作用提高，多糖含量不断积累。6月以后，黄精地上部分生长旺盛，光合作用加强，新陈代谢加快，产生大量的低聚糖，9月下旬地上植株开始枯萎，逐渐停止生长，部分低聚糖向黄精多糖转变，

开始出现大量积累，11 月初出现积累高峰，后逐渐减缓，这段时间采收的黄精根茎中多糖含量高而稳定。

随着生长时间延长，黄精根茎多糖含量一般在 2～4 年龄节间积累快，3～4 年龄节各指标相对稳定，5 年龄后多糖累积下降明显。不同产地的多花黄精多糖含量上差异显著，其中区域相近的地方多糖含量差异不明显。

黄精的炮制历史久远，自《千金翼方》至现代文献中均有关于黄精的炮制方法记载，多达 10 余种，其中以"九蒸九晒"为代表的反复蒸晒是沿用已久的方法。黄精提取物中黄精总多糖的含量随着蒸制次数的增加先增加后减少，栽培多花黄精的总多糖含量由一蒸一晒的 18.68% 降为九蒸九晒的 10.84%，四蒸四晒时达到最高 31.51%。

黄精多糖提取：黄精药材经过蒸馏水清洗、干燥后粉碎，加入 2 倍体积的 80% 乙醇浸泡 2 h 脱脂，抽滤，挥干乙醇，烘干；再次用蒸馏水回流浸泡药材，滤液浓缩后加入无水乙醇沉淀，抽滤后用丙酮、乙醇洗涤，自然风干后得到黄精粗多糖。

糖含量测定：根据 2020 版《中华人民共和国药典》的规定，精密称取干燥恒重的无水葡萄糖 33 mg，加水溶解，定容于 100 mL 容量瓶中，摇匀，得 0.33 mg/mL 无水葡糖糖溶液。精密取 0.1 mL、0.2 mL、0.3 mL、0.4 mL、0.5 mL、0.6 mL，分别置于 10 mL 具塞刻度试管中，加水至 2.0 mL，摇匀。冰水浴中，缓缓滴加 0.2% 蒽酮 – 硫酸溶液至刻度，混匀，放冷后置于沸水浴中保温 10 min，取出，冰水浴冷却 10 min。按照紫外 – 可见分光光度法（通则 0401），在 582 nm 波长下测定吸光度。以吸光度为纵坐标，浓度为横坐标表，绘制标准曲线。

二、皂苷

黄精中含有大量的甾体皂苷和较少的三萜皂苷，其中甾体皂苷是黄精属的特征成分。目前，从黄精、滇黄精和多花黄精中共分离得到 67 种甾体皂苷类化合物，分为呋喃甾烷型皂苷和螺旋甾烷型皂苷两类。用不同方法炮制黄精后，黄精中的薯蓣皂苷含量会增加，黄精"九蒸九制"后，超声提取的 0～4 次蒸薯蓣皂苷含量显著增加，增加近 7 倍，而 4～9 次蒸薯蓣皂苷含量稳定，约 14%。

总皂苷含量测定：采用比色法测定多花黄精总皂苷含量。移取待测液 100 µL 挥干，加入新鲜 5% 香草醛 – 冰乙酸 0.2 mL，冰浴加入 0.8 mL 高氯酸，摇匀，60 ℃水浴 15 min，冰浴 5 min。加入 5 mL 冰乙酸，摇匀，静置 5 min。550 nm 处测定吸光值。以质量浓度 0.010 3 mg/mL 的人参皂苷 Rb1 为对照品绘制标准曲线。

三、黄酮

黄酮类化合物广泛存在于黄精属族植物的叶子和根茎中，是多花黄精的主要活性成分。药用黄精中黄酮类化合物主要有二氢黄酮、查耳酮、高异黄酮等多种结构类型。多花黄精黄酮类化合物具有预防疾病、延缓衰老、抵抗基因突变、控制血脂和血压等功效，并有效地减少人体中活性自由基，是一种极具应用前景的天然抗氧化剂。

总黄酮含量测定：采用铝盐显色法。移取待测液 2.5 mL，加入 5% $NaNO_2$ 溶液 0.3 mL，摇匀后静置 10 min，再加 10% $Al(NO_3)_3$ 溶液 0.3 mL，摇匀，静置 10 min。加入 4% NaOH 溶液 4 mL，摇匀后用蒸馏水定容至 10 mL，静置 10 min，于 500 nm 处测定吸光度。以质量浓度 0.105 g/mL 的芦丁对照品绘制标准曲线，计算总黄酮含量。

四、氨基酸及无机元素

在不同产地黄精氨基酸以及微量元素的分析中，药用黄精均含有 8 种必需氨基酸（赖氨酸、蛋氨酸、亮氨酸、异亮氨酸、苏氨酸、缬氨酸、色氨酸、苯丙氨酸）、10 种非必需氨基酸［甘氨酸、丙氨酸、丝氨酸、天冬氨酸、谷氨酸（及其胺）、脯氨酸、精氨酸、组氨酸、酪氨酸、胱氨酸］和牛磺酸，其中苏氨酸、精氨酸、赖氨酸含量最高。

不同产地黄精中均含有 Ca、Mg、Al、Fe、Zn、Cr、Mn 等 15 种常量元素和微量元素，其中 Ca、Mg、Al 含量丰富，Fe、Zn、Cr 含量也较高。Fe、Zn、Cu、Mn、Cr、Mo 等均为人体必需的微量元素，它们参与人体多种酶的组成和（或）激活，Ca 和 Mg 更为人体所必需。这些元素大多对人体有益，可能与黄精的免疫增强和抗衰老作用有关。

五、挥发性成分

在药用黄精挥发性成分的研究中，烃类、萜类和醛酮类是百合科黄精属植物中最主要挥发性成分。从黄精植物的根中分析出 26 种的化合物，其中含有芳烃（53.43%）、醇类（14.48%）、烷烃（7.70%）等；从黄精植物的茎中分析得到 37 种化合物，其中含有芳烃（52.11%）、醇类（15.15%）、烷烃（6.24%）等，研究结果提示黄精挥发油在黄精不同生长部位的含量亦不相同。

六、其他成分

多花黄精研究表明其叶及根茎中含有毛地黄精苷、地黄精苷、5，4- 二羟基黄酮的糖苷、吖啶 –2- 羧酸（azetidine–2-carboxylicacid）及多种蒽醌类化合物。此外，黄精属植物中还含有生物碱，但含量较少，目前仅从黄精和滇黄精中分离分析得到 5 个生物碱类化合物。

第二节　多花黄精的药理功效

黄精为我国常用传统中药，在长江以南大部分地区广泛分布，具有补益肝肾、延年益寿等作用，是自古以来的道家养生圣药。因其含有多糖、皂苷、黄酮、木脂素、氨基酸、醌类化合物、维生素、生物碱及多种微量元素等成分，从而具有较高的药用价值和营养价值。

一、增强免疫功能作用

研究表明给予免疫抑制模型小鼠 ig 低、高剂量的黄精多糖，可使小鼠胸腺及脾脏质量增加，血清溶血素含量及巨噬细胞吞噬指数明显提高，表明黄精多糖对免疫抑制小鼠的免疫力有一定的增强作用。黄精用于长期超负荷游泳致阴虚内热模型大鼠，可以提高其血清免疫球蛋白 A、免疫球蛋白 G、免疫球蛋白 M 水平及白细胞介素 –2（IL–2）含量，对免疫力低下大鼠具有改善其免疫功能的作用。

二、降低血糖及调节血脂

黄精具有显著的降血糖、调血脂功效，因其作用缓和、不良反应较少，临床应用广泛，可有效防止高血糖、高血脂带来的一系列并发症。黄精多糖对实验性糖尿病模型小鼠血糖和血清糖化血红蛋白浓度有一定影响，促进胰岛素及 C 肽分泌，从而达到降低血糖的作用。黄精茶可改善总胆固醇、三酰甘油、高密度脂蛋白、低密度脂蛋白等脂代谢指标。黄精可通过多种途径实现控制血糖、血脂，而且不同提取方式的提取物作用结果不同，为药物研究提供思路和依据，黄精有望成为新型复方降糖药、调脂药及减肥药的主要组成部分。

三、改善骨质疏松

中药治疗骨质疏松症主要是通过对机体整体进行调节，从而促进机体内在功能的恢复。研究报道黄精多糖可显著提高小鼠的 ALP 和骨钙素（BGP）的表达，可能是因其具有促进小鼠骨髓间充质干细胞向成骨细胞分化的作用，且随药物浓度的升高促进作用逐渐增强。黄精多糖通过 Wnt/β–连环蛋白信号通路阻断骨细胞生成，从而抑制骨质疏松症。研究表明，黄精多糖能够不依赖于低密度脂蛋白受体相关蛋白 5（LRP5）激活 Wnt 信号通路中的重要因子 β 连环蛋白，从而促进小鼠骨髓间充质干细胞向成骨细胞的分化，为黄精多糖治疗骨质疏松症提供了新的实验依据及治疗靶点理论。由此可见，黄精多糖可能在骨质疏松症的治疗中发挥重要作用。

四、改善贫血

黄精对造血系统的干预体现在 4 个方面：增加成熟血细胞数量及改善其功能；改善造血器官及造血诱导微环境；平衡造血调节因子水平；促进造血细胞增殖。研究表明 6Gy 的 60Co γ 射线照射小鼠全身，结果显示照射前后连续注射黄精多糖可提高受辐射小鼠外周血白细胞（WBC）和血小板（PLT）值，其中 PLT 值升高最明显，可见黄精多糖可以对抗辐射所致的造血功能低下和红细胞损伤。研究发现 ig 肺癌小鼠黄精水煎剂，可使其脾脏指数显著增加，且呈一定的剂量依赖性。

五、抑制神经细胞凋亡

给予实验性衰老小鼠 15% 的黄精水煎液，结果显示黄精水煎液可明显升高模型小鼠脑组织中端粒酶活性，与模型组相比差异显著（$P < 0.05$），表明黄精可能有抗神经细胞凋亡的作用。提示在神经功能损伤早期使用黄精制剂有可能成为抗自由基损害、减少细胞损伤和凋亡的有效治疗方法。

六、抑制多巴胺神经元的凋亡

研究发现黄精多糖治疗帕金森（PD）大鼠 8 周后，酪氨酸羟化酶（TH）的表达明显上调，且 TH 的阳性细胞数也明显增加，并呈现出一定的药物浓度依赖性，因此证明黄精多糖具有抑制多巴胺神经元凋亡、促进多巴胺神经元再生的作用。

七、改善记忆力和痴呆

研究发现黄精口服液可提高血管性痴呆模型大鼠的海马结构突触膜糖蛋白免疫活性，进一步改善海马突触的重建、完善神经突触效能；并且可使突触后致密物的厚度增加，从而提高突触传递效能，达到改善血管性痴呆雌性大鼠学习、记忆能力的目的。黄精作为补益中药，具有提高记忆力及学习能力的独特作用。

八、抗抑郁

动物实验证实黄精皂苷及黄精多糖可增加抑郁小鼠脑内单胺类神经递质的含量，特别可提高 5-HT 水平，从而改善抑郁症模型小鼠的行为学。给予慢性不可预见性应激抑郁模型大鼠黄精制剂，结果表明黄精皂苷可明显影响慢性应激抑郁大鼠大脑皮层 5- 羟色胺 1A 受体（5-HT1AR）及其介导的 β-arrestin2/Akt 信号通路或通过调节 5-HT1AR 及其介导的 5-HT1AR/cAMP/PKA 通路的作用，改善模型大鼠的体质量及自发活动次数，显示出其具有抗抑郁效果。

九、保护肝肾

黄精对于肝、肾具有很好的保护作用，可降低肝酶，提高肝蛋白活性，消除生物体在新陈代谢过程中产生的有害物质，并且具有降低肌酐及尿素氮水平，共同实现对肝肾脏的保护作用。动物实验显示，中、高剂量（150 mg/kg、300 mg/kg）的黄精多糖能显著降低大鼠血清中谷丙转氨酶（ALT）、谷草转氨酶（AST）、碱基磷酸酶（ALP）活性及 DBIL、TBIL（直接胆红素、总胆红素）含量，减轻大鼠肝脏病理学和组织学病变，而高剂量黄精多糖优势显著。由此可见，黄精多糖对 CCl_4 诱导的大鼠肝损伤有良好的保护保护。

十、治疗男性不育症

目前男性不育发生率呈现上升趋势，约有15%的育龄夫妇不能生育，而男性因素所致不育症比例约为50%。引起男性不育的因素甚为复杂，而少弱精子症是男性不育的重要原因。黄精所具有的抗辐射作用，可增加前列腺—贮精囊质量，发挥壮阳雄激素样作用。养精胶囊是益肾填精法的代表方药，成分包括淫羊藿、当归、黄精、熟地、紫河车等，可用于少弱精子症、勃起功能障碍等男性生殖系统疾病。经验复方制剂黄精赞育胶囊可显著提高弱精子症患者精子密度、精子总数、活力、活动率，并可显著降低精子的畸形率，对于精子DNA碎片率（DFI）异常的弱精子患者，使用黄精赞育胶囊可以明显改善精子DNA完整性。黄精所具有的延年益寿的作用与提高生物激素的分泌密不可分，因此可以用于治疗男性不育症，但对于剂量的依赖程度还需进一步的实验证明。

十一、抗肿瘤

通过对黄精有效成分进行体外抗肿瘤实验发现，黄精多糖通过抑制肿瘤细胞增殖，诱导肿瘤细胞凋亡，从而对人恶性肿瘤细胞产生抑制作用。另有研究证实，多花黄精所含的活性氧分子介导丝裂原激活蛋白激酶（MAPK）和核转录因子–κB（NF–κB）激活作用于细胞凝集素，从而诱导肿瘤细胞凋亡和自噬，证实黄精具有抗肿瘤的作用，可为研究新型抗癌药物提供依据。

十二、抗病原微生物

黄精的抗病原微生物作用确切，对多种细菌及真菌的抑制作用突出，并且在中医临床广泛应用。黄精可抑制哈氏弧菌，并破坏其生物膜，从而达到抗菌效果。临床研究发现，黄精汤及其制剂在治疗肺结核和耐药性肺结核取得较好的临床疗效，并与化疗治疗等效，且患者肝肾功能并无异常，说明黄精具有抗结核杆菌作用，且安全有效，毒副作用小。黄精多糖拥有多种生物学功能，为天然抑菌剂，在抑菌领域有重要的研究价值，尤其为耐药菌株的抑菌治疗提供前景，值得深入研究。

第九章　黄精性味功效与应用配伍

中药的四气、五味、归经等药性属性，是以人体（疾病）为观察对象通过药效而被认识，中药药性与功效具有"性效同源""性效互表"的特征。黄精味甘、性平、归脾、肺、肾经，具有补气养阴、健脾、润肺、益肾的功效。甘能补益和中，缓急，具有补养缓和之力。2020年版《中国药典》规定"黄精，补气养阴，健脾，润肺，益肾。用于脾胃气虚，体倦乏力，胃阴不足，口干食少，肺虚燥咳，劳嗽咳血，精血不足，腰膝酸软，须发早白，内热消渴"。

第一节　黄精性味归经

一、黄精性味归经

黄精古代医籍中多有记载，自南北朝至现代，记载黄精性味归经的文献有40余部。南北朝《名医别录》是目前发现最早记载黄精性味的典籍，言其"味甘，平，无毒"。后世本草文献也多论述黄精的性味为甘，然明代《本草正》曰其"味甘微辛，性温"。明清时期是中药归经理论成熟与完善阶段，出现黄精的归经论述。明代《雷公炮制药性解》最早记载黄精"入脾肺二经"，清代本草大多记载黄精"入足太阴经""入足太阴脾、足阳明经"，然而《本草求真》记载黄精三经"专入脾，兼入肾肺"，《本草再新》记载黄精"入心、脾、肺、肾四经"，表明古代中医药学者对黄精的归经有不同见解。黄精性味归经论述数量以清代本草为最，按照经络或脏腑定位黄精归经，现代中药工具书按照脏腑定位黄精归经，表明古今表述黄精归经的定位理论有差异。黄精的性味归经在《中华人民共和国药典》《中华本草》《中药大辞典》等现代中药著作中，记载为"甘、平。归脾、肺、肾经"。

二、功效应用

黄精的功效最初收录于《名医别录》，黄精色黄味厚气薄，脾色黄属土居中，故补中；脾为生气之源，故益气；脾旺不受邪，脾气健运，天地之风湿不宜伤人，可除风湿；脾为后天之本，脾运化水谷精微的功能正常，腑脏经络能得到充分的濡养，故安五脏；久服五脏安则气血精旺盛，达到轻身延年、不饥之奇效。因此黄精的功效主治，起初表述为"主补中益气，除风湿安五脏。久服轻身、延年、不饥"，后世文献多延续此观点。唐代文献基本沿用《名医别录》对黄精功效主治的论述；五代时期的《日华子本草》新增了黄精"补五劳七伤""益脾胃""润心肺"等功效，首提"单服九蒸九暴，食之助颜，入药生用"之说，阐明黄精药用与食用选用的炮制方法不同，食用达到延年不老。

"黄精"药食同源历史悠久，《抱朴子内篇》记载："凶年可以与老小休粮，人不能别之，谓为米脯也。"《食疗本草》载"饵黄精，能老不饥。"《证类本草》《道藏·神仙芝草经》载："黄精，宽中益气，便五脏调和，肌肉充盛，骨髓坚强，其力倍增，多年不老，颜色鲜明，发白更黑，齿落更生"。《本草品汇精要》将"黄精"列为上品之上、草部第一（表9-1）。

表9-1　不同时期文献中黄精的功效主治

时间阶段	文献著作	功效主治
南北朝	《名医别录》《本草经集注》	补中益气、除风湿，安五脏。久服轻身、延年、不饥
唐	《备急千金要方》《新修本草》《千金翼方》《食疗本草》《本草拾遗》	补中益气、除风湿、安五脏
五代	《蜀本草》《日华子本草》	补五劳七伤，益脾胃，润心肺，久服轻身，延年，不饥
宋金元	《开保本草》《医心方》《太平圣惠方》《经史政类备用本草》《本草衍义》《医说》《饮食须知》《饮膳正要》《珍珠囊补遗药性赋》《增广和剂局方药性总论》	久服延年益寿，除风湿，安五脏，疗五劳七伤，益脾胃，润心肺，填精髓，助筋骨，耐寒暑，下三虫。久服轻身、延年不饥，发白再黑，齿落更生。小儿羸弱多痰弥佳
明清	《救荒本草》《滇南本草》《奇效良方》《本草集要》《本校品汇精要》《药性粗评》《古今医统大全》《本草蒙筌》《太乙仙制本草药性大全》《医学入门》《本草纲目》《医方考》《鲁府禁方》《本草原始》《万病回春》《寿世保元》《雷公炮制药性解》《本草汇言》《本草正》《神农本草经疏》《本草乘雅半偈》《本草撮要》《本草易读》《本草害利》《本草汇笺》《本草择要纲目》《本草备要》《本经逢原》《冯氏锦囊秘录》《药性切用》《玉楸药解》《本草从新》《得配本草》《本草求真》《质问本草》《药笼小品》《本草分经》《本草求原》《药性通考》《本草便读》《本草问答》《野菜赞》《本草再新》	补中益气，除风湿，安五脏，疗五劳七伤，益脾胃，润心肺，填精髓，助筋骨，耐寒暑，下三虫。久服轻身、延年不饥，发白再黑
现代	《全国中草药汇编》《中华本草》《中药志》《中药大辞典》《药典》	养阴润肺，补脾益气，滋肾填精。主治阴虚劳嗽，肺燥咳嗽；脾虚乏力食少口干，消渴；肾亏腰膝酸软，阳痿遗精，耳鸣目暗，须发早白，体虚羸瘦，风癞癣疾

第二节　黄精药材应用配伍

一、黄精药材用法

生黄精是生用切片，具有麻味，服用则口舌麻木、刺激咽喉，故一般不直接入药。具有滋阴润肺生津之效，宜用于脾虚面黄倦怠，食少乏力津亏，舌红少苔。

生黄精蒸后为蒸黄精，可除去麻味，避免刺激咽喉。酒蒸后能助其药势，使其滋而不腻，更好地发挥补益作用，益气养阴、补脾润肺益肾功效增强，但有滋腻碍脾之虑。用于肺之阴虚燥咳、脾胃虚弱乏力、肾虚精亏、头晕足软。

炙黄精又称酒黄精，为净黄精加酒和黑豆等辅料蒸后切片晒干入药者，兼有通经络之功。与蒸黄精对比，蒸黄精补气效果更好，酒／炙黄精行气滋阴效果好。酒黄精黏液质被破坏并去掉，使其滋而不腻，补益作用增强，兼有通经络之功。补肝肾宜用酒制黄精，治腰膝酸软、须发早白、体虚消瘦、头晕耳鸣等症。

二、黄精的配伍应用

1. 治阴虚肺燥、干咳少痰、肺肾阴虚的劳嗽久咳等

黄精能滋肾阴、润肺燥。治阴虚肺燥咳嗽，可单用熬膏，或配沙参、川贝母、知母等同用；治劳嗽久咳，可配地黄、天冬、百部等同用。

2. 治肾虚精亏

常配枸杞子等同用。

3. 治消渴

常配生地黄、麦冬、天花粉等同用。

4. 治由肺阴不足引起的燥热咳嗽，配沙参润肺止咳

沙参味甘微苦，性微寒，归肺经，能养肺阴、清肺热；黄精味甘性平，既补肺阴，又益肾阴，二药合用，既能润肺滋阴，又能清热益精。

5. 治脾胃虚弱

黄精与党参等药同用，既补脾阴，又益脾气。

6. 治脾胃气虚而倦怠乏力，食欲不振，脉象虚软

可与党参、白术等同用

7. 治脾胃阴虚而致口干食少，饮食无味，舌红无苔

可与石斛、麦冬、山药等同用。

党参味甘性平，补脾养胃，健运中气；黄精味甘性平，平补气阴，即补脾气，又益脾阴。二药合用，则补脾益气功用倍增，故善治脾胃气虚、脾胃阴虚之证。

8. 治心血不足所致贫血、神经衰弱、神志不宁、津液枯竭、怔忡健忘等

常配地黄、当归、柏子仁、炒酸枣仁、远志、丹参等同用。

9.临床上，黄精配黄芪适用于气阴两虚型糖尿病

黄芪偏于健脾益气，黄精重于补气养阴，二药配伍，气阴两益，脾肾双补，具有健脾补肾、益气生津的功效。黄精配毛冬青，常用于治疗心血痹阻、胸闷气短或冠心病等。患者服毛冬青时间稍久则易感神疲乏力，故在临床上配伍黄精以除疲乏。

三、应用禁忌

古今本草文献中多描述黄精甘美易食，无毒，功在补精，是药食两用佳品，未见黄精的配伍禁忌记载，但有饮食禁忌及证候禁忌的论述。黄精饮食禁忌的记载始于宋代《医心方》，多数本草文献论述"服食黄精，忌食梅"，仅《饮食须知》提出服食黄精时，也需"忌水萝卜"（表9-2）。

表9-2 不同时期文献中黄精饮食禁忌

时间阶段	文献著作	功效主治
宋	《医心方》	忌食梅
元	《饮食须知》	忌水萝卜，勿同梅子食
	《卫生易简方》	勿食梅实
明	《本草纲目》	忌梅实，花、叶、子并同
	《本草乘雅半偈》	忌梅实
清	《炮炙全书》	忌食梅实
	《得配本草》	忌梅实

古今医药学者对黄精性味归经、功效主治、应用禁忌等临床实践方面的论述，发现对黄精的性味认识基本一致，黄精的归经古今取舍不同，历代本草强调久服黄精的补益功效，古今医药学者都推崇黄精的益肾健脾作用，黄精古存今失的"轻身""延年""不饥""小儿羸弱多痰""下三虫"等功效主治，已得到现代实验研究和临床应用的证实，启示我们可进一步挖掘黄精在老年延年益寿、结核病、弓形虫、小儿疳积等方面的药食价值。

四、黄精药材常用方法选录

1.补心

黄精有养血补心的作用。《日华子诸家本草》谓："黄精润心肺"。心血不足所致的贫血、神经衰弱、神志不宁、津液枯竭、怔忡健忘等证，以黄精、地黄、当归、柏子仁、炒酸枣仁、远志、丹参等组方，水煎服。若与百合、地黄、莲子心、茯神、酸枣仁、丹参等配伍，治疗神经官能症、病等疾患，其效更著。

2.补肝

黄精有滋阴养肝之效。凡由肝阴不足所致的胁肋疼痛、头晕目眩、舌红少苔等症，

均可配伍用之。用黄精配当归、熟地黄、蔓荆子、决明子、白芍、酸枣仁、木瓜等，治肝血不足、目暗模糊、视物不清等症。若与沙参、麦冬、生地黄、枸杞子、川楝子、白芍、郁金等同用，治疗慢性肝炎、胆囊炎久不愈者，每多获效。在肝炎恢复期，常嘱患者用黄精、慧政仁、枸杞子、大米、红枣等煮粥食之，服后确能起到预期康复的效果。

3. 补脾

黄精既补脾气，又补脾阴。常用于脾胃虚弱、饮食减少、面黄肌瘦、神疲乏力、舌干苔少、脉象虚弱等症。如《日华子诸家本草》谓："黄精益脾胃"。黄精配太子参、石斛、麦冬、山药、茯苓、莲子、陈皮、炒麦芽等，治疗脾阴不足所致的食欲不振、食后胀满、水谷不消等症，有显著疗效。若与黄芪、党参、红枣同用，治疗气虚体弱的胃下垂、内脏下垂以及中气不足的患者，有相得益彰之效。与沙参、麦冬、玉竹、山药、慧政仁配伍，治疗慢性萎缩性胃炎、浅表性胃炎，对胃脘嘈杂者尤佳。

4. 补肺

黄精有养阴润肺、生津止渴之功。凡对阴虚肺燥所致的咳嗽痰少或干咳无痰等症，用之殊有佳效。《本草纲目》载："黄精补五劳七伤，……，益脾胃，润心肺"。若与党参、白术、五味子等相伍，用于肺气不足或气阴亏虚的肺结核、肺气肿、肺心病等。若与白及、黄芩、丹参、百部等配伍，治疗肺结核、胸痛、咯血，每获佳效。如与沙参麦冬汤配伍，用于肺炎恢复期，其效尤著。

5. 补肾

用黄精补肾，文献记载颇多。常以本品与六味地黄汤、枸杞子合用，治疗高血压、动脉硬化症、糖尿病等，有相得益彰之效，尤以肾阴虚者更宜之。若与金匮肾气丸或沉香、蛤蚧等同用，可治疗老年肾不纳气或虚阳浮越的慢性支气管炎、肺心病等。本品性较滋腻，易助湿邪，凡脾虚有湿、阴寒内盛、咳嗽痰多者不宜用。在应用时，若兼气滞者，可加入少量理气药物。若脾胃功能较差者，可适当减量，并与谷芽、麦芽等伍用。黄精的用量一般为 10 ～ 20 g，鲜重 30 ～ 60 g。

五、历代黄精方剂摘录

1. 黄精膏

药物组成：黄精 1 石。

处方来源：《千金》卷二十七。

方剂功效：脱旧皮，颜色变少，花容有异，鬓发更改，延年不老。

制备方法：去须毛，洗令净洁，打碎，蒸令好熟，压得汁，复煎，去上游水，得1 斗，纳干姜末 3 两，桂心末 1 两，微火煎之，看色郁郁然欲黄，便去火待冷，盛不津器中。《千金方衍义》："黄精为辟谷上药，峻补黄庭，调和五脏，坚强骨髓，一皆补阴之功，故以姜桂汤药配之。加大豆黄卷者，皆为辟谷计耳"。

用法用量：常于未食前用酒 5 合和服 2 合，日 2 次；欲长服者，不须和酒，纳生大豆黄。

2. 黄精煎

药物组成：黄精（生者）12 斤，白蜜 5 斤，生地黄（肥者）5 斤。

处方来源：《圣济总录》卷十八。

方剂主治：大风癞病，面赤疹起，手足挛急，身发疮痍，及指节已落者。

制备方法：上先将黄精、生地黄洗净，细锉，以木石杵臼捣熟复研烂，入水 3 斗，绞取汁，置银铜器中，和蜜搅匀，煎之成稠煎为度。

用法用量：每服用温酒调化 2～3 钱匕，日 3 夜 1。

3. 黄精粥

药物组成：黄精（切碎）米。

处方来源：《饮食辨录》卷二。

方剂主治：脾胃虚弱，体倦乏力，饮食减少，肺虚燥咳，或干咳无痰，肺痨咳血。

方剂功效：补脾胃，润心肺。

用药禁忌：平素痰湿较盛，口黏，舌苔厚腻，以及脾胃虚寒、大便泄泻的病人，不宜选用。食后一旦出现胸满气闷时，即应停服。

用法用量：《药粥疗法》本方用黄精 15～30 g（或鲜黄精 30～60 g），粳米二两，白糖适量。先将黄精浓煎，取汁去滓，入粳米煮粥，粥成后加白糖即可。每日食二次，以 3～5 d 为一疗程。

4. 黄精酒

药物组成：黄精 4 斤，天门冬 3 斤（去心），术 4 斤，松叶 6 斤，枸杞根 3 斤。

处方来源：《圣惠》卷九十五。

方剂功效：延年补养，发白再黑，齿落更生。

用药禁忌：忌桃、李、雀肉。

制备方法：上锉，以水 3 石，煮取汁 1 石，浸曲 10 斤，炊米 1 石，如常法酿酒。

用法用量：候熟，任饮之。

5. 黄精芡实汤

药物组成：黄精 15 g，芡实 30 g，山药 15 g，白芍 15 g，大枣 7 枚，太子参 30 g，佩兰叶 6 g。

处方来源：《中医内科临床治疗学》引冷柏枝方。

方剂主治：脾阴不足的中消证。

方剂功效：补脾阴。各家论述：黄精补脾阴，填精髓；芡实补脾阴而缩泉；太子参补脾气，生津液；三味为本方主药；山药、白芍、大枣皆为补脾之品，养阴兼益气；佩兰叶醒脾，令全方补而不滞。本方为补脾阴之平稳剂。

用法用量：水煎服。

6. 黄精地黄丸

药物组成：生黄精 1 斗（净洗，控干，捣碎，绞取汁），生地黄 3 斗（净洗，控干，捣碎，绞取汁）。

处方来源：《圣济总录》卷一九八。

方剂功效：辟谷；久服长生。

制备方法：上2味汁合和，纳釜中，文火煎减半，入白蜜5斤搅匀，更煎成膏，停冷为丸，如弹子大，放干，盛不津器中。

用法用量：每服1丸，含化咽之，每日3次。

7. 黄精丸

药物组成：苍耳叶、紫背浮萍、大力子各等分，乌蛇肉中半（酒浸，去皮骨），黄精倍前3味（生捣汁，和4味，研细焙干）（一方有炒柏、生地、甘草节）。

处方来源：《丹溪心法》卷四。

方剂主治：大风病。

制备方法：上为末，神曲糊丸，如梧桐子大。

用法用量：每服50～70丸，温酒下。

8. 黄精丸

药物组成：黄精10斤（净洗，蒸令烂熟），白蜜3斤，天门冬3斤（去心，蒸令烂熟）。

处方来源：方出《圣惠》卷九十四，名见《圣济总录》卷一九八。

方剂功效：延年补益。

制备方法：上为丸，如梧桐子大。

用法用量：每服以温酒下30丸，每日3次，久服。

9. 神仙服黄精膏

药物组成：黄精1石（去须），干姜末3两，桂心末1两。

处方来源：《圣惠》卷九十四。

方剂功效：乌发驻颜，补益延年，疗万病，辟谷。

制备方法：先将黄精以水淘洗令净，切碎，蒸令烂熟，压取汁，于大釜中煎之，去其游水讫，入干姜末与桂心末更煎之，看其色郁然黄，便止，待冷，盛于不津器中。

用法用量：每日空腹取药2合，与暖酒5合相合服之，日再服弥佳。20日内，浑身旧皮皆脱，颜色变少，须发皆变；若纳黑豆黄末服之，即可绝粒。

10. 万病黄精丸

药物组成：黄精10斤（净洗，蒸令烂熟），天门冬（去心，蒸烂熟）3斤，白蜜3斤。

处方来源：《济阳纲卧》卷六十八。

方剂功效：延年益气。

制备方法：上药于石臼内捣一万杵，再分为4剂，每1剂再捣一万杵为丸，如梧桐子大。

用法用量：每服30丸，温酒送下，1日3次。

11. 九转黄精丹

方剂别名：黄精丹、九转黄精丸。

药物组成：当归320两，黄精320两。

处方来源：《北京市中药成方选集》。

方剂主治：身体衰弱，面黄肌瘦，饮食减少。

方剂功效：补气养血。

制备方法：上药用黄酒320两入罐内，浸透加热，蒸黑为度。晒干。研为细末，炼蜜为丸，重3钱。

用法用量：每服1丸，日服2次，温开水送下。附注：黄精丹（原书）、九转黄精丸（《中药制剂汇编》引《北京市中成药规范》）。

注：此部分所用计量单位均为古代计量单位，所列方剂仅供参考。

参考文献

安徽植物志协作组，1992.安徽植物志第五卷［M］.合肥：安徽科学技术出版社.

柏晓辉，刘孝莲，刘娣，等，2018.一株黄精内生菌的分离鉴定及抑菌活性研究［J］.天然产物研究与开发，30（5）：777-782.

卜红南，2017.黄精多糖的提取及其免疫活性研究［J］.实用医药杂志，34（1）：48-51，56.

曾高峰，张志勇，鲁力，等，2011.黄精多糖对骨质疏松性骨折大鼠骨代谢因子的影响［J］.中国组织工程研究与临床康复，15（33）：6199-6202.

陈龙胜，董先茹，蔡群兴，等，2018.多花黄精组培育苗技术［J］.江苏农业科学，46（20）：33-36.

陈松树，赵致，刘红昌，等，2017.多花黄精种子育苗技术研究［J］.中药材，40（5）:1035-1038.

陈怡，姚云生，陈松树，等，2020.多花黄精不同龄根茎矿质元素含量［J］.北方园艺（6）：115-118.

戴琴，王晓霞，黄勤春，等，2014.毛竹林下多花黄精仿野生栽培技术［J］.中国现代中药，16（3）：205-207.

邓旭坤，段欢，刘钊，等，2018.黄精多糖对环磷酰胺诱导小鼠免疫抑制的影响［J］.中南民族大学学报(自然科学版)，37（2）：49-53.

范书珍，陈存武，王林，2005.多花黄精总皂苷的提取研究［J］.皖西学院学报，21（5）：39-41.

方欢乐，李晓明，李秋全，等，2008.黄精多糖的提取及抗氧化作用的研究［J］.生物化工，4（3）：11-12，15.

高颖，戚楚露，张磊，等，2015.黄精新鲜药材的化学成分［J］.药学与临床研究，23（4）：365-367.

国家药典委员会，2020.中华人民共和国药典：一部［M］.2020年版.北京：中国医药科技出版社.

华岩，李鸿敏，王春亮，等，2019.黄精多糖对强迫运动大鼠脾脏免疫功能的影响［J］.扬州大学学报(农业与生命科学版)，40（1）：57-61.

姜程曦，洪涛，熊伟，2017.黄精产业发展存在的问题及对策研究［J］.中草药，48（1）:1-16.

姜武，叶传盛，吴志刚，等，2017.黄精的本草考证［J］.中药材，40（11）：2713-2716.

焦劼，2018.黄精种质资源研究［D］.杨凌：西北农业科技大学.

李金花，周守标，2005.安徽黄精属植物研究现状［J］.中国野生植物资源，24（5）：17－19.

李鸢，赵兵，陈克克，等，2012.黄精的研究进展［J］.中国野生植物资源，31（1）：9-13.

李少玲，2016.不同施肥方法对毛竹林冠下多花黄精生长的影响［J］.南方林业科学，44（3）：37-39.

李晓明，2018.黄精化学成分及药理作用的研究［J］.生物化工，4（2）：138-139，145.

李亚霖，周芳，曾婷，等，2019.药用黄精化学成分与活性研究进展［J］.中医药导报，25（5）：86-89.

梁永富，易家宁，王康才，等，2019.遮阴对多花黄精生长及光合特性的影响[J].中国中药杂志，44（1）：67-75.

刘京晶，斯金平，2018.黄精本草考证与启迪［J］.中国中药杂志，43（3）：631-636.

刘跃钧，王声森，吴应齐，等，2017.去顶摘蕾方法对多花黄精当年根茎生长发芽的影响［J］.浙江农业科学，58（11）：1974-1975.

楼柯浪，张春椿，陶倩，等，2018.不同产地多花黄精中元素含量的主成分及相关性分析［J］.浙江中医杂志，53（9）：696-698.

卢玉清，王德群，2014.黄精属中药资源特点和优选方法［J］.安徽中医药大学学报，33（1）：81-84.

罗敏，章文伟，邓才富，等，2016药用植物多花黄精研究进展［J］.时珍国医国药，27（6）:1467-1469.

邵建章，张定成，孙叶根，1999.安徽黄精属植物生物学特性和资源评估［J］.安徽师范大学学报（自然科学版），22（2）：138 – 148.

邵建章，张定成，杨积高，等，1993.黄精属5种植物的核型研究［J］.植物分类学报，31（4）：353 – 369.

苏文田，刘跃钧，蒋燕锋，等，2018.黄精产业发展现状与可持续发展的建议[J].中国中药杂志，43（13）：2831-2835.

孙哲，陈玉婷，2018.中药黄精的基原鉴定与现代研究进展［C］∥第一届全国中药商品学术大会论文集.青岛：中国商品学会.

唐伟，王威，谭丽阳，等，2017.黄精多糖对慢性脑缺血大鼠学习记忆能力及脑组织超微结构的影响[J].中国中医药科技，24（2）：173-176.

陶爱恩，杜泽飞，赵飞亚，等，2019.基于多糖组成和含量的3种基原黄精质量比较和识别研究［J］.中草药，50（10）：2467-2473.

汪劲武，李懋学，李丽霞，1987.黄精属的细胞分类研究——8个种的核型与进化[J].武汉植物学研究，5（1）：1 – 10.

王聪，2012.多花黄精多糖提取分离、分子量测定及其粗多糖的初步药效研究［D］.成都：成都中医药大学.

王东辉，2006.黄精的田间规范化栽培技术优化研究[D].咸阳：西北农林科技大学.

王冬梅，朱炜，张存莉，等，2006.黄精化学成分及其生物活性［J］.西北林学院学报，21（2）：142-153.

王进，岳永德，汤锋，等，2011.气质联用法对黄精炮制前后挥发性成分的分析［J］.中国中药杂志，36（16）：2187-2191.

王婷，苗明三，2015.黄精的化学、药理及临床应用特点分析［J］.中医学报，30（5）：714-715，718.

王艳,董鹏,金晨钟,等,2019.黄精多糖组成及其抗氧化活性分析[J].基因组学与应用生物学,38(5)：2191-2199.

王艺,彭国庆,江新泉,等,2017.黄精多糖对糖尿病大鼠模型的保护机制研究[J].中医药导报,23(2):8-16.

崔阔澍,肖特,李慧萍,等,2021.我国黄精种质资源研究进展[J].江苏农业科学,49(11):35-39.

杨崇仁,张影,王东,等,2007.黄精属植物留体皂苷的分子进化及其化学分类学意义[J].云南植物研究,29(5):591-600.

叶松庆,李永全,2018.黄精多糖对骨质疏松性骨折大鼠骨修复及骨代谢因子的影响[J].中国临床药理学杂志,35(18):2128-2131.

于纯淼,刘宁,宫铭海,等,2019.黄精药理作用研究进展及在保健食品领域的应用开发[J].黑龙江科学,10(18):66-68.

张定成,周守标,张小平,等,2000.安徽黄精属植物分类研究[J].广西植物,20(1):32-36.

张国强,郭晓东,薛文华,等,2017.西藏野生卷叶黄精多酚的提取及其抗氧化活性分析[J].食品科学,38(6):236-241.

张磊,2018.黄精多糖体内抗骨质疏松作用及体外促进骨髓间充质干细胞成骨分化的实验研究[D].南宁:广西医科大学.

祝义伟,祝利,陈秋生,等,2015.黄精的化学成分、药理作用及其产品开发[C]//第六届全国中西医结合营养学术会议论文资料汇编.重庆:中国中西医结合学会.

附　录

附录1

国家药监局 农业农村部 国家林草局 国家中医药局关于发布《中药材生产质量管理规范》的公告

（2022 年第 22 号）

为贯彻落实《中共中央 国务院关于促进中医药传承创新发展的意见》，推进中药材规范化生产，加强中药材质量控制，促进中药高质量发展，依据《中华人民共和国药品管理法》《中华人民共和国中医药法》，国家药监局、农业农村部、国家林草局、国家中医药局研究制定了《中药材生产质量管理规范》（以下称本规范），现予发布实施，并将有关事项公告如下：

一、本规范适用于中药材生产企业规范生产中药材的全过程管理，是中药材规范化生产和管理的基本要求。本规范涉及的中药材是指来源于药用植物、药用动物等资源，经规范化的种植（含生态种植、野生抚育和仿野生栽培）、养殖、采收和产地加工后，用于生产中药饮片、中药制剂的药用原料。

本公告所指中药材生产企业包括具有企业性质的种植、养殖专业合作社或联合社。

二、鼓励中药饮片生产企业、中成药上市许可持有人等中药生产企业在中药材产地自建、共建符合本规范的中药材生产企业及生产基地，将药品质量管理体系延伸到中药材产地。

鼓励中药生产企业优先使用符合本规范要求的中药材。药品批准证明文件等有明确要求的，中药生产企业应当按照规定使用符合本规范要求的中药材。相关中药生产企业应当依法开展供应商审核，按照本规范要求进行审核检查，保证符合要求。

三、使用符合本规范要求的中药材，相关中药生产企业可以参照药品标签管理的相关规定，在药品标签中适当位置标示"药材符合 GAP 要求"，可以依法进行宣传。对中药复方制剂，所有处方成分均符合本规范要求，方可标示。

省级药品监督管理部门应当加强监督检查，对应当使用或者标示使用符合本规范中药材的中药生产企业，必要时对相应的中药材生产企业开展延伸检查，重点检查是否符合本规范。发现不符合的，应当依法严厉查处，责令中药生产企业限期改正、取消标示等，并公开相应的中药材生产企业及其中药材品种，通报中药材产地人民政府。

四、各省相关管理部门在省委省政府领导下，配合和协助中药材产地人民政府做好中药材规范化发展工作，如完善中药材产业高质量发展工作机制；制定中药材产业发展规划；细化推进中药材规范化发展的激励政策；建立中药材生产企业及其生产基地台账和信用档案，实施动态监管；建立中药材规范化生产追溯信息化平台等。鼓励中药材规范化、集约化生产基础较好的省份，结合本辖区中药材发展实际，研究制定实施细则，积极探索推进，为本规范的深入推广积累经验。

五、各省相关管理部门依职责对本规范的实施和推进进行检查和技术指导。农业农村部门牵头做好中药材种子种苗及种源提供、田间管理、农药和肥料使用、病虫害防治等指导。林业和草原部门牵头做好中药材生态种植、野生抚育、仿野生栽培，以及属于濒危管理范畴的中药材种植、养殖等指导。中医药管理部门协同做好中药材种子种苗、规范种植、采收加工以及生态种植等指导。药品监督管理部门对相应的中药材生产企业开展延伸检查，做好药用要求、产地加工、质量检验等指导。

六、各省相关管理部门应加强协作，形成合力，共同推进中药材规范化、标准化、集约化发展，按职责强化宣传培训，推动本规范落地实施。加强实施中日常监管，如发现存在重大问题或者有重大政策完善建议的，请及时报告国家相应的管理部门。

特此公告。

附件：中药材生产质量管理规范

国家药监局
农业农村部
国家林草局
国家中医药局
2022 年 3 月 1 日

中药材生产质量管理规范

第一章 总 则

第一条 为落实《中共中央 国务院关于促进中医药传承创新发展的意见》，推进中药材规范化生产，保证中药材质量，促进中药高质量发展，依据《中华人民共和国药品管理法》《中华人民共和国中医药法》，制定本规范。

第二条 本规范是中药材规范化生产和质量管理的基本要求，适用于中药材生产企业（以下简称企业）采用种植（含生态种植、野生抚育和仿野生栽培）、养殖方式规范生产中药材的全过程管理，野生中药材的采收加工可参考本规范。

第三条 实施规范化生产的企业应当按照本规范要求组织中药材生产，保护野生中药材资源和生态环境，促进中药材资源的可持续发展。

第四条 企业应当坚持诚实守信，禁止任何虚假、欺骗行为。

第二章 质量管理

第五条 企业应当根据中药材生产特点，明确影响中药材质量的关键环节，开展质量风险评估，制定有效的生产管理与质量控制、预防措施。

第六条 企业对基地生产单元主体应当建立有效的监督管理机制，实现关键环节的现场指导、监督和记录；统一规划生产基地，统一供应种子种苗或其他繁殖材料，统一肥料、农药或者饲料、兽药等投入品管理措施，统一种植或者养殖技术规程，统一采收与产地加工技术规程，统一包装与贮存技术规程。

第七条 企业应当配备与生产基地规模相适应的人员、设施、设备等，确保生产和质量管理措施顺利实施。

第八条 企业应当明确中药材生产批次，保证每批中药材质量的一致性和可追溯。

第九条 企业应当建立中药材生产质量追溯体系，保证从生产地块、种子种苗或其他繁殖材料、种植养殖、采收和产地加工、包装、储运到发运全过程关键环节可追溯；鼓励企业运用现代信息技术建设追溯体系。

第十条 企业应当按照本规范要求，结合生产实践和科学研究情况，制定如下主要环节的生产技术规程：

（一）生产基地选址；

（二）种子种苗或其他繁殖材料要求；

（三）种植（含生态种植、野生抚育和仿野生栽培）、养殖；

（四）采收与产地加工；

（五）包装、放行与储运。

第十一条　企业应当制定中药材质量标准，标准不能低于现行法定标准。

（一）根据生产实际情况确定质量控制指标，可包括：药材性状、检查项、理化鉴别、浸出物、指纹或者特征图谱、指标或者有效成分的含量；药材农药残留或者兽药残留、重金属及有害元素、真菌毒素等有毒有害物质的控制标准等；

（二）必要时可制定采收、加工、收购等中间环节中药材的质量标准。

第十二条　企业应当制定中药材种子种苗或其他繁殖材料的标准。

第三章　机构与人员

第十三条　企业可采取农场、林场、公司＋农户或者合作社等组织方式建设中药材生产基地。

第十四条　企业应当建立相应的生产和质量管理部门，并配备能够行使质量保证和控制职能的条件。

第十五条　企业负责人对中药材质量负责；企业应当配备足够数量并具有和岗位职责相对应资质的生产和质量管理人员；生产、质量的管理负责人应当有中药学、药学或者农学等相关专业大专及以上学历并有中药材生产、质量管理 3 年以上实践经验，或者有中药材生产、质量管理 5 年以上的实践经验，且均须经过本规范的培训。

第十六条　生产管理负责人负责种子种苗或其他繁殖材料繁育、田间管理或者药用动物饲养、农业投入品使用、采收与加工、包装与贮存等生产活动；质量管理负责人负责质量标准与技术规程制定及监督执行、检验和产品放行。

第十七条　企业应当开展人员培训工作，制定培训计划、建立培训档案；对直接从事中药材生产活动的人员应当培训至基本掌握中药材的生长发育习性、对环境条件的要求，以及田间管理或者饲养管理、肥料和农药或者饲料和兽药使用、采收、产地加工、贮存养护等的基本要求。

第十八条　企业应当对管理和生产人员的健康进行管理；患有可能污染药材疾病的人员不得直接从事养殖、产地加工、包装等工作；无关人员不得进入中药材养殖控制区域，如确需进入，应当确认个人健康状况无污染风险。

第四章　设施、设备与工具

第十九条　企业应当建设必要的设施，包括种植或者养殖设施、产地加工设施、中药材贮存仓库、包装设施等。

第二十条　存放农药、肥料和种子种苗，兽药、饲料和饲料添加剂等的设施，能够保持存放物品质量稳定和安全。

第二十一条　分散或者集中加工的产地加工设施均应当卫生、不污染中药材，达到质量控制的基本要求。

第二十二条　贮存中药材的仓库应当符合贮存条件要求；根据需要建设控温、避光、通风、防潮和防虫、防鼠禽畜等设施。

第二十三条　质量检验室功能布局应当满足中药材的检验条件要求，应当设置检验、仪器、标本、留样等工作室（柜）。

第二十四条　生产设备、工具的选用与配置应当符合预定用途，便于操作、清洁、维护，并符合以下要求：

（一）肥料、农药施用的设备、工具使用前应仔细检查，使用后及时清洁；

（二）采收和清洁、干燥及特殊加工等设备不得对中药材质量产生不利影响；

（三）大型生产设备应当有明显的状态标识，应当建立维护保养制度。

第五章　基地选址

第二十五条　生产基地选址和建设应当符合国家和地方生态环境保护要求。

第二十六条　企业应当根据种植或养殖中药材的生长发育习性和对环境条件的要求，制定产地和种植地块或者养殖场所的选址标准。

第二十七条　中药材生产基地一般应当选址于道地产区，在非道地产区选址，应当提供充分文献或者科学数据证明其适宜性。

第二十八条　种植地块应当能满足药用植物对气候、土壤、光照、水分、前茬作物、轮作等要求；养殖场所应当能满足药用动物对环境条件的各项要求。

第二十九条　生产基地周围应当无污染源；生产基地环境应当持续符合国家标准：

（一）空气符合国家《环境空气质量标准》二类区要求；

（二）土壤符合国家《土壤环境质量农用地污染风险管控标准（试行）》的要求；

（三）灌溉水符合国家《农田灌溉水质标准》，产地加工用水和药用动物饮用水符合国家《生活饮用水卫生标准》。

第三十条　基地选址范围内，企业至少完成一个生产周期中药材种植或者养殖，并有两个收获期中药材质量检测数据且符合企业内控质量标准。

第三十一条　企业应当按照生产基地选址标准进行环境评估，确定产地，明确生产基地规模、种植地块或者养殖场所布局；

（一）根据基地周围污染源的情况，确定空气是否需要检测，如不检测，则需提供评估资料；

（二）根据水源情况确定水质是否需要定期检测，没有人工灌溉的基地，可不进行灌溉水检测。

第三十二条　生产基地应当规模化，种植地块或者养殖场所可成片集中或者相对分散，鼓励集约化生产。

第三十三条　产地地址应当明确至乡级行政区划；每一个种植地块或者养殖场所应当有明确记载和边界定位。

第三十四条　种植地块或者养殖场所可在生产基地选址范围内更换、扩大或者缩小规模。

第六章 种子种苗或其他繁殖材料

第一节 种子种苗或其他繁殖材料要求

第三十五条 企业应当明确使用种子种苗或其他繁殖材料的基原及种质，包括种、亚种、变种或者变型、农家品种或者选育品种；使用的种植或者养殖物种的基原应当符合相关标准、法规。使用列入《国家重点保护野生植物名录》的药用野生植物资源的，应当符合相关法律法规规定。

第三十六条 鼓励企业开展中药材优良品种选育，但应当符合以下规定：

（一）禁用人工干预产生的多倍体或者单倍体品种、种间杂交品种和转基因品种；

（二）如需使用非传统习惯使用的种间嫁接材料、诱变品种（包括物理、化学、太空诱变等）和其他生物技术选育品种等，企业应当提供充分的风险评估和实验数据证明新品种安全、有效和质量可控。

第三十七条 中药材种子种苗或其他繁殖材料应当符合国家、行业或者地方标准；没有标准的，鼓励企业制定标准，明确生产基地使用种子种苗或其他繁殖材料的等级，并建立相应检测方法。

第三十八条 企业应当建立中药材种子种苗或其他繁殖材料的良种繁育规程，保证繁殖的种子种苗或其他繁殖材料符合质量标准。

第三十九条 企业应当确定种子种苗或其他繁殖材料运输、长期或者短期保存的适宜条件，保证种子种苗或其他繁殖材料的质量可控。

第二节 种子种苗或其他繁殖材料管理

第四十条 企业在一个中药材生产基地应当只使用一种经鉴定符合要求的物种，防止与其他种质混杂；鼓励企业提纯复壮种质，优先采用经国家有关部门鉴定，性状整齐、稳定、优良的选育新品种。

第四十一条 企业应当鉴定每批种子种苗或其他繁殖材料的基原和种质，确保与种子种苗或其他繁殖材料的要求相一致。

第四十二条 企业应当使用产地明确、固定的种子种苗或其他繁殖材料；鼓励企业建设良种繁育基地，繁殖地块应有相应的隔离措施，防止自然杂交。

第四十三条 种子种苗或其他繁殖材料基地规模应当与中药材生产基地规模相匹配；种子种苗或其他繁殖材料应当由供应商或者企业检测达到质量标准后，方可使用。

第四十四条 从县域之外调运种子种苗或其他繁殖材料，应当按国家要求实施检疫；用作繁殖材料的药用动物应当按国家要求实施检疫，引种后进行一定时间的隔离、观察。

第四十五条 企业应当采用适宜条件进行种子种苗或其他繁殖材料的运输、贮存；禁止使用运输、贮存后质量不合格的种子种苗或其他繁殖材料。

第四十六条 应当按药用动物生长发育习性进行药用动物繁殖材料引进；捕捉和运输时应当遵循国家相关技术规定，减免药用动物机体损伤和应激反应。

第七章 种植与养殖

第一节 种植技术规程

第四十七条 企业应当根据药用植物生长发育习性和对环境条件的要求等制定种植技术规程，主要包括以下环节：

（一）种植制度要求：前茬、间套种、轮作等；

（二）基础设施建设与维护要求：维护结构、灌排水设施、遮阴设施等；

（三）土地整理要求：土地平整、耕地、作畦等；

（四）繁殖方法要求：繁殖方式、种子种苗处理、育苗定植等；

（五）田间管理要求：间苗、中耕除草、灌排水等；

（六）病虫草害等的防治要求：针对主要病虫草害等的种类、为害规律等采取的防治方法；

（七）肥料、农药使用要求。

第四十八条 企业应当根据种植中药材营养需求特性和土壤肥力，科学制定肥料使用技术规程：

（一）合理确定肥料品种、用量、施肥时期和施用方法，避免过量施用化肥造成土壤退化；

（二）以有机肥为主，化学肥料有限度使用，鼓励使用经国家批准的微生物肥料及中药材专用肥；

（三）自积自用的有机肥须经充分腐熟达到无害化标准，避免掺入杂草、有害物质等；

（四）禁止直接施用城市生活垃圾、工业垃圾、医院垃圾和人粪便。

第四十九条 防治病虫害等应当遵循"预防为主、综合防治"原则，优先采用生物、物理等绿色防控技术；应制定突发性病虫害等的防治预案。

第五十条 企业应当根据种植的中药材实际情况，结合基地的管理模式，明确农药使用要求：

（一）农药使用应当符合国家有关规定；优先选用高效、低毒生物农药；尽量减少或避免使用除草剂、杀虫剂和杀菌剂等化学农药。

（二）使用农药品种的剂量、次数、时间等，使用安全间隔期，使用防护措施等，尽可能使用最低剂量、降低使用次数；

（三）禁止使用：国务院农业农村行政主管部门禁止使用的剧毒、高毒、高残留农药，以及限制在中药材上使用的其他农药；

（四）禁止使用壮根灵、膨大素等生长调节剂调节中药材收获器官生长。

第五十一条 按野生抚育和仿野生栽培方式生产中药材，应当制定野生抚育和仿野生栽培技术规程，如年允采收量、种群补种和更新、田间管理、病虫草害等的管理措施。

第二节 种植管理

第五十二条 企业应当按照制定的技术规程有序开展中药材种植，根据气候变化、药用植物生长、病虫草害等情况，及时采取措施。

第五十三条 企业应当配套完善灌溉、排水、遮阴等田间基础设施，及时维护更新。

第五十四条 及时整地、播种、移栽定植；及时做好多年生药材冬季越冬田地清理。

第五十五条 采购农药、肥料等农业投入品应当核验供应商资质和产品质量，接收、贮存、发放、运输应当保证其质量稳定和安全；使用应当符合技术规程要求。

第五十六条 应当避免灌溉水受工业废水、粪便、化学农药或其他有害物质污染。

第五十七条 科学施肥，鼓励测土配方施肥；及时灌溉和排涝，减轻不利天气影响。

第五十八条 根据田间病虫草害等的发生情况，依技术规程及时防治。

第五十九条 企业应当按照技术规程使用农药，做好培训、指导和巡检。

第六十条 企业应当采取措施防范并避免邻近地块使用农药对种植中药材的不良影响。

第六十一条 突发病虫草害等或者异常气象灾害时，根据预案及时采取措施，最大限度降低对中药材生产的不利影响；要做好生长或者质量受严重影响地块的标记，单独管理。

第六十二条 企业应当按技术规程管理野生抚育和仿野生栽培中药材，坚持"保护优先、遵循自然"原则，有计划地做好投入品管控、过程管控和产地环境管控，避免对周边野生植物造成不利影响。

第三节 养殖技术规程

第六十三条 企业应当根据药用动物生长发育习性和对环境条件的要求等制定养殖技术规程，主要包括以下环节：

（一）种群管理要求：种群结构、谱系、种源、周转等；

（二）养殖场地设施要求：养殖功能区划分，饲料、饮用水设施，防疫设施，其他安全防护设施等；

（三）繁育方法要求：选种、配种等；

（四）饲养管理要求：饲料、饲喂、饮水、安全和卫生管理等；

（五）疾病防控要求：主要疾病预防、诊断、治疗等；

（六）药物使用技术规程；

（七）药用动物属于陆生野生动物管理范畴的，还应当遵守国家人工繁育陆生野生动物的相关标准和规范。

第六十四条　按国务院农业农村行政主管部门有关规定使用饲料和饲料添加剂；禁止使用国务院农业农村行政主管部门公布禁用的物质以及对人体具有直接或潜在危害的其他物质；不得使用未经登记的进口饲料和饲料添加剂。

第六十五条　按国家相关标准选择养殖场所使用的消毒剂。

第六十六条　药用动物疾病防治应当以预防为主、治疗为辅，科学使用兽药及生物制品；应当制定各种突发性疫病发生的防治预案。

第六十七条　按国家相关规定、标准和规范制定预防和治疗药物的使用技术规程：

（一）遵守国务院畜牧兽医行政管理部门制定的兽药安全使用规定；

（二）禁止使用国务院畜牧兽医行政管理部门规定禁止使用的药品和其他化合物；

（三）禁止在饲料和药用动物饮用水中添加激素类药品和国务院畜牧兽医行政管理部门规定的其他禁用药品；经批准可以在饲料中添加的兽药，严格按照兽药使用规定及法定兽药质量标准、标签和说明书使用，兽用处方药必须凭执业兽医处方购买使用；禁止将原料药直接添加到饲料及药用动物饮用水中或者直接饲喂药用动物；

（四）禁止将人用药品用于药用动物；

（五）禁止滥用兽用抗菌药。

第六十八条　制定患病药用动物处理技术规程，禁止将中毒、感染疾病的药用动物加工成中药材。

第四节　养殖管理

第六十九条　企业应当按照制定的技术规程，根据药用动物生长、疾病发生等情况，及时实施养殖措施。

第七十条　企业应当及时建设、更新和维护药用动物生长、繁殖的养殖场所，及时调整养殖分区，并确保符合生物安全要求。

第七十一条　应当保持养殖场所及设施清洁卫生，定期清理和消毒，防止外来污染。

第七十二条　强化安全管理措施，避免药用动物逃逸，防止其他禽畜的影响。

第七十三条　定时定点定量饲喂药用动物，未食用的饲料应当及时清理。

第七十四条　按要求接种疫苗；根据药用动物疾病发生情况，依规程及时确定具体防治方案；突发疫病时，根据预案及时、迅速采取措施并做好记录。

第七十五条 发现患病药用动物，应当及时隔离；及时处理患传染病药用动物；患病药用动物尸体按相关要求进行无害化处理。

第七十六条 应当根据养殖计划和育种周期进行种群繁育，及时调整养殖种群的结构和数量，适时周转。

第七十七条 应当按照国家相关规定处理养殖及加工过程中的废弃物。

第八章 采收与产地加工

第一节 技术规程

第七十八条 企业应当制定种植、养殖、野生抚育或仿野生栽培中药材的采收与产地加工技术规程，明确采收的部位、采收过程中需除去的部分、采收规格等质量要求，主要包括以下环节：

（一）采收期要求：采收年限、采收时间等；

（二）采收方法要求：采收器具、具体采收方法等；

（三）采收后中药材临时保存方法要求；

（四）产地加工要求：拣选、清洗、去除非药用部位、干燥或保鲜，以及其他特殊加工的流程和方法。

第七十九条 坚持"质量优先、兼顾产量"原则，参照传统采收经验和现代研究，明确采收年限范围，确定基于物候期的适宜采收时间。

第八十条 采收流程和方法应当科学合理；鼓励采用不影响药材质量和产量的机械化采收方法；避免采收对生态环境造成不良影响。

第八十一条 企业应当在保证中药材质量前提下，借鉴优良的传统方法，确定适宜的中药材干燥方法；晾晒干燥应当有专门的场所或场地，避免污染或混淆的风险；鼓励采用有科学依据的高效干燥技术以及集约化干燥技术。

第八十二条 应当采用适宜方法保存鲜用药材，如冷藏、砂藏、罐贮、生物保鲜等，并明确保存条件和保存时限；原则上不使用保鲜剂和防腐剂，如必须使用应当符合国家相关规定。

第八十三条 涉及特殊加工要求的中药材，如切制、去皮、去心、发汗、蒸、煮等，应根据传统加工方法，结合国家要求，制定相应的加工技术规程。

第八十四条 禁止使用有毒、有害物质用于防霉、防腐、防蛀；禁止染色增重、漂白、掺杂使假等。

第八十五条 毒性、易制毒、按麻醉药品管理中药材的采收和产地加工，应当符合国家有关规定。

第二节 采收管理

第八十六条 根据中药材生长情况、采收时气候情况等，按照技术规程要求，在规定期限内，适时、及时完成采收。

第八十七条 选择合适的天气采收，避免恶劣天气对中药材质量的影响。

第八十八条 应当单独采收、处置受病虫草害等或者气象灾害等影响严重、生长发育不正常的中药材。

第八十九条 采收过程应当除去非药用部位和异物，及时剔除破损、腐烂变质部分。

第九十条 不清洗直接干燥使用的中药材，采收过程中应当保证清洁，不受外源物质的污染或者破坏。

第九十一条 中药材采收后应当及时运输到加工场地，及时清洁装载容器和运输工具；运输和临时存放措施不应当导致中药材品质下降，不产生新污染及杂物混入，严防淋雨、泡水等。

第三节 产地加工管理

第九十二条 应当按照统一的产地加工技术规程开展产地加工管理，保证加工过程方法的一致性，避免品质下降或者外源污染；避免造成生态环境污染。

第九十三条 应当在规定时间内加工完毕，加工过程中的临时存放不得影响中药材品质。

第九十四条 拣选时应当采取措施，保证合格品和不合格品及异物有效区分。

第九十五条 清洗用水应当符合要求，及时、迅速完成中药材清洗，防止长时间浸泡。

第九十六条 应当及时进行中药材晾晒，防止晾晒过程雨水、动物等对中药材的污染，控制环境尘土等污染；应当阴干药材不得暴晒。

第九十七条 采用设施、设备干燥中药材，应当控制好干燥温度、湿度和干燥时间。

第九十八条 应当及时清洁加工场地、容器、设备；保证清洗、晾晒和干燥环境、场地、设施和工具不对药材产生污染；注意防冻、防雨、防潮、防鼠、防虫及防禽畜。

第九十九条 应当按照制定的方法保存鲜用药材，防止生霉变质。

第一百条 有特殊加工要求的中药材，应当严格按照制定的技术规程进行加工，如及时去皮、去心，控制好蒸、煮时间等。

第一百零一条 产地加工过程中品质受到严重影响的，原则上不得作为中药材销售。

第九章 包装、放行与储运

第一节 技术规程

第一百零二条 企业应当制定包装、放行和储运技术规程，主要包括以下环节：

（一）包装材料及包装方法要求：包括采收、加工、贮存各阶段的包装材料要求及包装方法；

（二）标签要求：标签的样式、标识的内容等；

（三）放行制度：放行检查内容、放行程序、放行人等。

（四）贮存场所及要求：包括采收后临时存放、加工过程中存放、成品存放等对环境条件的要求；

（五）运输及装卸要求：车辆、工具、覆盖等的要求及操作要求；

（六）发运要求。

第一百零三条 包装材料应当符合国家相关标准和药材特点，能够保持中药材质量；禁止采用肥料、农药等包装袋包装药材；毒性、易制毒、按麻醉药品管理中药材应当使用有专门标记的特殊包装；鼓励使用绿色循环可追溯周转筐。

第一百零四条 采用可较好保持中药材质量稳定的包装方法，鼓励采用现代包装方法和器具。

第一百零五条 根据中药材对贮存温度、湿度、光照、通风等条件的要求，确定仓储设施条件；鼓励采用有利于中药材质量稳定的冷藏、气调等现代贮存保管新技术、新设备。

第一百零六条 明确贮存的避光、遮光、通风、防潮、防虫、防鼠等养护管理措施；使用的熏蒸剂不能带来质量和安全风险，不得使用国家禁用的高毒性熏蒸剂；禁止贮存过程使用硫黄熏蒸。

第一百零七条 有特殊贮存要求的中药材贮存，应当符合国家相关规定。

第二节 包装管理

第一百零八条 企业应当按照制定的包装技术规程，选用包装材料，进行规范包装。

第一百零九条 包装前确保工作场所和包装材料已处于清洁或者待用状态，无其他异物。

第一百一十条 包装袋应当有清晰标签，不易脱落或者损坏；标示内容包括品名、基原、批号、规格、产地、数量或重量、采收日期、包装日期、保质期、追溯标志、企业名称等信息。

第一百一十一条 确保包装操作不影响中药材质量，防止混淆和差错。

第三节　放行与储运管理

第一百一十二条　应当执行中药材放行制度，对每批药材进行质量评价，审核生产、检验等相关记录；由质量管理负责人签名批准放行，确保每批中药材生产、检验符合标准和技术规程要求；不合格药材应当单独处理，并有记录。

第一百一十三条　应当分区存放中药材，不同品种、不同批中药材不得混乱交叉存放；保证贮存所需要的条件，如洁净度、温度、湿度、光照和通风等。

第一百一十四条　应当建立中药材贮存定期检查制度，防止虫蛀、霉变、腐烂、泛油等的发生。

第一百一十五条　应当按技术规程要求开展养护工作，并由专业人员实施。

第一百一十六条　应当按照技术规程装卸、运输；防止发生混淆、污染、异物混入、包装破损、雨雪淋湿等。

第一百一十七条　应当有产品发运的记录，可追查每批产品销售情况；防止发运过程中的破损、混淆和差错等。

第十章　文　件

第一百一十八条　企业应当建立文件管理系统，全过程关键环节记录完整。

第一百一十九条　文件包括管理制度、标准、技术规程、记录、标准操作规程等。

第一百二十条　应当制定规程，规范文件的起草、修订、变更、审核、批准、替换或撤销、保存和存档、发放和使用。

第一百二十一条　记录应当简单易行、清晰明了；不得撕毁和任意涂改；记录更改应当签注姓名和日期，并保证原信息清晰可辨；记录重新誊写，原记录不得销毁，作为重新誊写记录的附件保存；电子记录应当符合相关规定；记录保存至该批中药材销售后至少 3 年以上。

第一百二十二条　企业应当根据影响中药材质量的关键环节，结合管理实际，明确生产记录要求：

（一）按生产单元进行记录，覆盖生产过程的主要环节，附必要照片或者图像，保证可追溯；

（二）药用植物种植主要记录：种子种苗来源及鉴定，种子处理，播种或移栽、定植时间及面积；肥料种类、施用时间、施用量、施用方法；重大病虫草害等的发生时间、为害程度，施用农药名称、来源、施用量、施用时间、方法和施用人等；灌溉时间、方法及灌水量；重大气候灾害发生时间、危害情况；主要物候期。

（三）药用动物养殖主要记录：繁殖材料及鉴定；饲养起始时间；疾病预防措施、疾病发生时间、程度及治疗方法；饲料种类及饲喂量。

（四）采收加工主要记录：采收时间及方法；临时存放措施及时间；拣选及去除非药用部位方式；清洗时间；干燥方法和温度；特殊加工手段等关键因素。

（五）包装及储运记录：包装时间；入库时间；库温度、湿度；除虫除霉时间及方法；出库时间及去向；运输条件等。

第一百二十三条 培训记录包括培训时间、对象、规模、主要培训内容、培训效果评价等。

第一百二十四条 检验记录包括检品信息、检验人、复核人、主要检验仪器、检验时间、检验方法和检验结果等。

第一百二十五条 企业应当根据实际情况，在技术规程基础上，制定标准操作规程用于指导具体生产操作活动，如批的确定、设备操作、维护与清洁、环境控制、贮存养护、取样和检验等。

第十一章　质量检验

第一百二十六条 企业应当建立质量控制系统，包括相应的组织机构、文件系统以及取样、检验等，确保中药材质量符合要求。

第一百二十七条 企业应当制定质量检验规程，对自己繁育并在生产基地使用的种子种苗或其他繁殖材料、生产的中药材实行按批检验。

第一百二十八条 购买的种子种苗、农药、商品肥料、兽药或生物制品、饲料和饲料添加剂等，企业可不检测，但应当向供应商索取合格证或质量检验报告。

第一百二十九条 检验可以自行检验，也可以委托第三方或中药材使用单位检验。

第一百三十条 质量检测实验室人员、设施、设备应当与产品性质和生产规模相适应；用于质量检验的主要设备、仪器，应当按规定要求进行性能确认和校验。

第一百三十一条 用于检验用的中药材、种子种苗或其他繁殖材料，应当按批取样和留样：

（一）保证取样和留样的代表性；

（二）中药材留样包装和存放环境应当与中药材贮存条件一致，并保存至该批中药材保质期届满后 3 年；

（三）中药材种子留样环境应当能够保持其活力，保存至生产基地中药材收获后 3 年；种苗或药用动物繁殖材料依实际情况确定留样时间；

（四）检验记录应当保留至该批中药材保质期届满后 3 年。

第一百三十二条 委托检验时，委托方应当对受托方进行检查或现场质量审计，调阅或者检查记录和样品。

第十二章　内　审

第一百三十三条 企业应当定期组织对本规范实施情况的内审，对影响中药材质量的关键数据定期进行趋势分析和风险评估，确认是否符合本规范要求，采取必要改进措施。

第一百三十四条　企业应当制定内审计划，对质量管理、机构与人员、设施设备与工具、生产基地、种子种苗或其他繁殖材料、种植与养殖、采收与产地加工、包装放行与储运、文件、质量检验等项目进行检查。

第一百三十五条　企业应当指定人员定期进行独立、系统、全面的内审，或者由第三方依据本规范进行独立审核。

第一百三十六条　内审应当有记录和内审报告；针对影响中药材质量的重大偏差，提出必要的纠正和预防措施。

第十三章　投诉、退货与召回

第一百三十七条　企业应当建立投诉处理、退货处理和召回制度。

第一百三十八条　企业应当建立标准操作规程，规定投诉登记、评价、调查和处理的程序；规定因中药材缺陷发生投诉时所采取的措施，包括从市场召回中药材等。

第一百三十九条　投诉调查和处理应当有记录，并注明所调查批次中药材的信息。

第一百四十条　企业应当指定专人负责组织协调召回工作，确保召回工作有效实施。

第一百四十一条　应当有召回记录，并有最终报告；报告应对产品发运数量、已召回数量以及数量平衡情况予以说明。

第一百四十二条　因质量原因退货或者召回的中药材，应当清晰标识，由质量部门评估，记录处理结果；存在质量问题和安全隐患的，不得再作为中药材销售。

第十四章　附　则

第一百四十三条　本规范所用下列术语的含义是：

（一）中药材

指来源于药用植物、药用动物等资源，经规范化的种植（含生态种植、野生抚育和仿野生栽培）、养殖、采收和产地加工后，用于生产中药饮片、中药制剂的药用原料。

（二）生产单元

基地中生产组织相对独立的基本单位，如一家农户，农场中一个相对独立的作业队等。

（三）技术规程

指为实现中药材生产顺利、有序开展，保证中药材质量，对中药材生产的基地选址，种子种苗或其他繁殖材料，种植、养殖，野生抚育或者仿野生栽培，采收与产地加工，包装、放行与储运等所做的技术规定和要求。

（四）道地产区

该产区所产的中药材经过中医临床长期应用优选，与其他地区所产同种中药材相比，品质和疗效更好，且质量稳定，具有较高知名度。

（五）种子种苗

药用植物的种植材料或者繁殖材料，包括籽粒、果实、根、茎、苗、芽、叶、花等，以及菌物的菌丝、子实体等。

（六）其他繁殖材料

除种子种苗之外的繁殖材料，包括药用动物供繁殖用的种物、仔、卵等。

（七）种质

生物体亲代传递给子代的遗传物质。

（八）农业投入品

生产过程中所使用的农业生产物资，包括种子种苗或其他繁殖材料、肥料、农药、农膜、兽药、饲料和饲料添加剂等。

（九）综合防治

指有害生物的科学管理体系，是从农业生态系统的总体出发，根据有害生物和环境之间的关系，充分发挥自然控制因素的作用，因地制宜、协调应用各种必要措施，将有害生物控制在经济允许的水平以下，以获得最佳的经济、生态和社会效益。

（十）产地加工

中药材收获后必须在产地进行连续加工的处理过程，包括拣选、清洗、去除非药用部位、干燥及其他特殊加工等。

（十一）生态种植

应用生态系统的整体、协调、循环、再生原理，结合系统工程方法设计，综合考虑经济、生态和社会效益，应用现代科学技术，充分应用能量的多级利用和物质的循环再生，实现生态与经济良性循环的中药农业种植方式。

（十二）野生抚育

在保持生态系统稳定的基础上，对原生境内自然生长的中药材，主要依靠自然条件、辅以轻微干预措施，提高种群生产力的一种生态培育模式。

（十三）仿野生栽培

在生态条件相对稳定的自然环境中，根据中药材生长发育习性和对环境条件的要求，遵循自然法则和生物规律，模仿中药材野生环境和自然生长状态，再现植物与外界环境的良好生态关系，实现品质优良的中药材生态培育模式。

（十四）批

同一产地且种植地、养殖地、野生抚育或者仿野生栽培地的生态环境条件基本一致，种子种苗或其他繁殖材料来源相同，生产周期相同，生产管理措施基本一致，采收期和产地加工方法基本一致，质量基本均一的中药材。

（十五）放行

对一批物料或产品进行质量评价后，做出批准使用、投放市场或者其他决定的操作。

（十六）储运

包括中药材的贮存、运输等。

（十七）发运

指企业将产品发送到经销商或者用户的一系列操作，包括配货、运输等。

（十八）标准操作规程

也称标准作业程序，是依据技术规程将某一操作的步骤和标准，以统一的格式描述出来，用以指导日常的生产工作。

第一百四十四条 本规范自发布之日起施行。

附录 2 　　　　　　　　　　　　　 **T/GDATCM 0005—2021**

中药材种植农药使用指导原则

1 范围

本文件规定了中药材规范化种植过程过农药使用基本要求。

本文件适用于中药材种植过程中农药使用管理全过程。本文指中药材为最终产品进入预防和治疗疾病用途的中药材原药材。

2 规范性引用文件

下列文件中的内容通过文中的规范性引用而构成本文件必不可少的条款。凡是注日期的引用文件，仅注日期的版本适用于本文件。不注日期的引用文件，其最新版本（包括所有的修改单）适用于本文件。

（1）《中药材生产质量管理规范》

（2）《WHO guidelines on good agricultural and collection practices (GACP) for medicinal plants》

（3）GB 2762《食品中污染物限量》

（4）GB 2763《食品中最大农药残留限量》

（5）NY/T 393《绿色食品　农药使用准则》

（6）《农药管理条例》

（7）《禁限用农药名录》

3 术语和定义

下列术语和定义本文件。

3.1 中药材

药用植物、矿物与动物的药用部位采收后经产地加工形成的原药材。本标准中特指来自于植物的药用部分初加工的原料，即植物类中药材。

3.2 综合防治

掌握中药材种植过程中病虫害发生规律，通过生物防治与化学农药防治相结合将农药使用量降至最低水平，而有效防治生物害虫和杂草。

3.3 生长调节剂

生长调节剂是指对细胞分裂和分化、植物器官形成与植株再生有重要的调节作用的活性物质，包括天然植物激素和生物化学制剂两大类。

3.4 安全间隔期

指最后一次施药时间至中药材采收的时期，自施药后到残留量降到最大允许残留量所需间隔时间。

3.5 允许残留量

中药材中不同农药最高限度的允许残留量。

3.6 生物源农药

指直接利用生物活体或生物代谢过程中产生的具有生物活性的物质或从生物体提取的物质作为防治病虫草害的农药。

3.7 矿物源农药

有效成分起源于矿物的无机化合物和石油类农药。

3.8 有机合成农药

由人工合成的有机化合物，并由有机化学工业生产的商品化农药。主要分为：有机氯类、有机磷类、拟除虫菊酯类、氨基甲酸酯类等。

4 规范性技术要素

4.1 应针对主要病虫草害种类、为害规律等采取合适的防治方法，遵循"预防为主、综合防治"原则有计划地使用农药。

4.2 应重视田间栽培管理，优先采用物理防治和生物防治技术进行可持续绿色防控治理。

4.3 应尽量减少化学农药的使用，做到精准配方施药，优先考虑高效低毒低残留的农药。

4.4 农药使用应符合有关规定，尽量避免使用除草剂、杀虫剂和杀菌剂等化学农药，如须使用时，企业应当有文献或科学数据证明对中药材生长、质量和环境无明显影响，优先选用高效、低毒生物农药。

4.5 禁止使用：国家农业农村部门禁止使用的剧毒、高毒、高残留农药，限制在中药材上使用的农药；禁止将生长调节剂作为肥料使用。禁用农药应严格参照 2019 版《禁限用农药名录》。植物生长调节剂使用时需严格按要求合理使用，禁止用于调节中药材收获器官生长。

4.6 应设立农药管人，负责农药施用过程的管理，参加农药施用的工作人员需接受适当培训，并留下培训记录。

4.7 应从合规的途径购买农药，并保存相关凭证。购买的农药应具备登记证、产品标准证、生产许可证，且在有效期内。农药使用严格遵照 2017 版《农药管理条例》各项要求。

4.8 应做好农药进出管理台账，利用专门的场所将农药储存在干燥阴凉的地方，使用时做好记录并保证农药袋回收。

4.9 鼓励统一配发农药，在农药使用时种植企业应提供必要的农药使用技术指导，规范合理用药。

4.10 应详细记录所使用农药的信息，包括：农药名称、生产厂家、农药登记证号、用量、施用方式、施用时间等。

4.11 根据种植药材特性，制订适宜的农药操作规程，针对不同时期、不同部位规定农药施用方法。

4.12 详细规定使用的品种，使用的剂量、次数、时间等，使用安全间隔期或休药期，使用防护措施，尽可能使用最低剂量、降低使用次数。

4.13 在标准操作规程中规定《许可使用农药》名录，用药剂量及频次不得超过农药生产厂商推荐的最高使用剂量。生产中严格按照记载的方法进行使用。不得随意加大用药剂量或者改变使用方法。

4.14 鼓励开展统防统治，同一区域病虫草害进行统一防控避免交叉感染，种子统一浸种消毒或高温消毒，土壤统一消毒或高温闷棚杀菌。

4.15 应合理轮换农药，避免病虫草害对农药产生抗性。

4.16 混用多种农药时，应严格规定混用农药数量以及组合规则。

4.17 使用过程中，工作人员应穿戴适宜的防护用品，确保生产安全；施药过程中从业人员不得进食、抽烟、饮水等。

4.18 农药废弃物必须妥善处理，不得污染环境或中药材。

附录 3　　　　　　　　　T/GDATCM 0003—2021

中药材种植肥料使用指导原则

1 范围

本文件规定植物类中药材规范化种植过程中肥料使用的基本要求。

本文件适用于中药材生产企业进行中药材规范化种植的过程。本文件所指中药材为最终产品进入预防和治疗疾病用途的中药材原药材。

2 规范性引用文件

下列文件中的内容通过文中的规范性引用而构成本文件必不可少的条款。凡是注日期的引用文件，仅注日期的版本适用于本文件。不注日期的引用文件，其最新版本（包括所有的修改单）适用于本文件。

（1）《中药材生产质量管理规范》

（2）《WHO guidelines on good agricultural and collection practices（GACP）for medicinal plants》

（3）T/CCCMHPIE 2.1—2018《药用植物种植和采集质量管理规范（GACP）》

3 术语和定义

下列术语和定义用于本文件。

3.1 中药材

药用植物、矿物与动物的药用部位采收后经产地加工形成的原药材。本标准中特指来自植物的药用部分初加成的原料，即植物类中药材。

3.2 连作

在同一块地连续种植同一种作物。

3.3 有机肥

主要来源于植物和（或）动物，施于土壤以提供植物营养为其主要功能的含碳物料。经生物物质、动植物废弃物、植物残体加工而来，消除了其中的有毒有害物质，富含大量有益物质。

3.4 农家肥

是指动物排出的废弃物或是收割结束后的植物残体，经过一段时间的发酵后让其腐熟，作为肥料使用。

3.5 生长调节剂

生长调节剂是指对细胞分裂和分化、植物器官形成与植株再生有重要的调节作用的活性物质，包括天然植物激素和生物化学制剂两大类。

4 规范性技术要素

4.1 技术规程

应当根据种植中药材营养需求特性和土壤肥力科学制定肥料使用技术规程，包括施肥的种类、时间、数量与施用方法，并记录肥料使用情况。

4.2 肥料使用原则

4.2.1 所用的肥料应产自正规厂家、质量合格且许可使用的肥料，并应根据标签或包装内说明书的指示使用。

4.2.2 以有机肥为主，化学肥料有限度使用，避免过量施用磷肥造成重金属超标，鼓励使用经国家批准的菌肥及中药材专用肥。

4.2.3 农家肥

农家肥须经充分腐熟达到无害化卫生标准，避免引入杂草、有害元素等。

4.3 肥料运输储存

购买的化肥在运输过程中不能淋雨，在干燥通风的条件下储存，防火避日晒、防潮变质。

4.4 禁止事项

4.4.1 禁止施用城市生活垃圾、工业垃圾、医院垃圾和人粪便。

4.4.2 禁止使用含有抗生素超标的农家肥。

4.4.3 禁止将生长调节剂作为肥料使用，如矮壮灵、壮根灵等。

附录 4

农药管理条例

（1997 年 5 月 8 日中华人民共和国国务院令第 216 号发布　根据 2001 年 11 月 29 日《国务院关于修改〈农药管理条例〉的决定》修订　2017 年 2 月 8 日国务院第 164 次常务会议修订通过　根据 2022 年 3 月 29 日《国务院关于修改和废止部分行政法规的决定》第二次修订）

第一章　总　则

第一条　为了加强农药管理，保证农药质量，保障农产品质量安全和人畜安全，保护农业、林业生产和生态环境，制定本条例。

第二条　本条例所称农药，是指用于预防、控制为害农业、林业的病、虫、草、鼠和其他有害生物以及有目的地调节植物、昆虫生长的化学合成或者来源于生物、其他天然物质的一种物质或者几种物质的混合物及其制剂。

前款规定的农药包括用于不同目的、场所的下列各类：

（一）预防、控制为害农业、林业的病、虫（包括昆虫、蜱、螨）、草、鼠、软体动物和其他有害生物；

（二）预防、控制仓储以及加工场所的病、虫、鼠和其他有害生物；

（三）调节植物、昆虫生长；

（四）农业、林业产品防腐或者保鲜；

（五）预防、控制蚊、蝇、蜚蠊、鼠和其他有害生物；

（六）预防、控制危害河流堤坝、铁路、码头、机场、建筑物和其他场所的有害生物。

第三条　国务院农业主管部门负责全国的农药监督管理工作。

县级以上地方人民政府农业主管部门负责本行政区域的农药监督管理工作。

县级以上人民政府其他有关部门在各自职责范围内负责有关的农药监督管理工作。

第四条　县级以上地方人民政府应当加强对农药监督管理工作的组织领导，将农药监督管理经费列入本级政府预算，保障农药监督管理工作的开展。

第五条　农药生产企业、农药经营者应当对其生产、经营的农药的安全性、有效性负责，自觉接受政府监管和社会监督。

农药生产企业、农药经营者应当加强行业自律，规范生产、经营行为。

第六条　国家鼓励和支持研制、生产、使用安全、高效、经济的农药，推进农药专业化使用，促进农药产业升级。

对在农药研制、推广和监督管理等工作中作出突出贡献的单位和个人，按照国家有关规定予以表彰或者奖励。

第二章　农药登记

第七条　国家实行农药登记制度。农药生产企业、向中国出口农药的企业应当依照本条例的规定申请农药登记，新农药研制者可以依照本条例的规定申请农药登记。

国务院农业主管部门所属的负责农药检定工作的机构负责农药登记具体工作。省、自治区、直辖市人民政府农业主管部门所属的负责农药检定工作的机构协助做好本行政区域的农药登记具体工作。

第八条　国务院农业主管部门组织成立农药登记评审委员会，负责农药登记评审。

农药登记评审委员会由下列人员组成：

（一）国务院农业、林业、卫生、环境保护、粮食、工业行业管理、安全生产监督管理等有关部门和供销合作总社等单位推荐的农药产品化学、药效、毒理、残留、环境、质量标准和检测等方面的专家；

（二）国家食品安全风险评估专家委员会的有关专家；

（三）国务院农业、林业、卫生、环境保护、粮食、工业行业管理、安全生产监督管理等有关部门和供销合作总社等单位的代表。

农药登记评审规则由国务院农业主管部门制定。

第九条　申请农药登记的，应当进行登记试验。

农药的登记试验应当报所在地省、自治区、直辖市人民政府农业主管部门备案。

第十条　登记试验应当由国务院农业主管部门认定的登记试验单位按照国务院农业主管部门的规定进行。

与已取得中国农药登记的农药组成成分、使用范围和使用方法相同的农药，免予残留、环境试验，但已取得中国农药登记的农药依照本条例第十五条的规定在登记资料保护期内的，应当经农药登记证持有人授权同意。

登记试验单位应当对登记试验报告的真实性负责。

第十一条　登记试验结束后，申请人应当向所在地省、自治区、直辖市人民政府农业主管部门提出农药登记申请，并提交登记试验报告、标签样张和农药产品质量标准及其检验方法等申请资料；申请新农药登记的，还应当提供农药标准品。

省、自治区、直辖市人民政府农业主管部门应当自受理申请之日起20个工作日内提出初审意见，并报送国务院农业主管部门。

向中国出口农药的企业申请农药登记的，应当持本条第一款规定的资料、农药标准品以及在有关国家（地区）登记、使用的证明材料，向国务院农业主管部门提出申请。

第十二条　国务院农业主管部门受理申请或者收到省、自治区、直辖市人民政府农业主管部门报送的申请资料后，应当组织审查和登记评审，并自收到评审意见之日起 20 个工作日内作出审批决定，符合条件的，核发农药登记证；不符合条件的，书面通知申请人并说明理由。

第十三条　农药登记证应当载明农药名称、剂型、有效成分及其含量、毒性、使用范围、使用方法和剂量、登记证持有人、登记证号以及有效期等事项。

农药登记证有效期为 5 年。有效期届满，需要继续生产农药或者向中国出口农药的，农药登记证持有人应当在有效期届满 90 日前向国务院农业主管部门申请延续。

农药登记证载明事项发生变化的，农药登记证持有人应当按照国务院农业主管部门的规定申请变更农药登记证。

国务院农业主管部门应当及时公告农药登记证核发、延续、变更情况以及有关的农药产品质量标准号、残留限量规定、检验方法、经核准的标签等信息。

第十四条　新农药研制者可以转让其已取得登记的新农药的登记资料；农药生产企业可以向具有相应生产能力的农药生产企业转让其已取得登记的农药的登记资料。

第十五条　国家对取得首次登记的、含有新化合物的农药的申请人提交的其自己所取得且未披露的试验数据和其他数据实施保护。

自登记之日起 6 年内，对其他申请人未经已取得登记的申请人同意，使用前款规定的数据申请农药登记的，登记机关不予登记；但是，其他申请人提交其自己所取得的数据的除外。

除下列情况外，登记机关不得披露本条第一款规定的数据：

（一）公共利益需要；

（二）已采取措施确保该类信息不会被不正当地进行商业使用。

第三章　农药生产

第十六条　农药生产应当符合国家产业政策。国家鼓励和支持农药生产企业采用先进技术和先进管理规范，提高农药的安全性、有效性。

第十七条　国家实行农药生产许可制度。农药生产企业应当具备下列条件，并按照国务院农业主管部门的规定向省、自治区、直辖市人民政府农业主管部门申请农药生产许可证：

（一）有与所申请生产农药相适应的技术人员；

（二）有与所申请生产农药相适应的厂房、设施；

（三）有对所申请生产农药进行质量管理和质量检验的人员、仪器和设备；

（四）有保证所申请生产农药质量的规章制度。

省、自治区、直辖市人民政府农业主管部门应当自受理申请之日起 20 个工作日内作出审批决定，必要时应当进行实地核查。符合条件的，核发农药生产许可证；不符合条件的，书面通知申请人并说明理由。

安全生产、环境保护等法律、行政法规对企业生产条件有其他规定的，农药生产企业还应当遵守其规定。

第十八条 农药生产许可证应当载明农药生产企业名称、住所、法定代表人（负责人）、生产范围、生产地址以及有效期等事项。

农药生产许可证有效期为 5 年。有效期届满，需要继续生产农药的，农药生产企业应当在有效期届满 90 日前向省、自治区、直辖市人民政府农业主管部门申请延续。

农药生产许可证载明事项发生变化的，农药生产企业应当按照国务院农业主管部门的规定申请变更农药生产许可证。

第十九条 委托加工、分装农药的，委托人应当取得相应的农药登记证，受托人应当取得农药生产许可证。

委托人应当对委托加工、分装的农药质量负责。

第二十条 农药生产企业采购原材料，应当查验产品质量检验合格证和有关许可证明文件，不得采购、使用未依法附具产品质量检验合格证、未依法取得有关许可证明文件的原材料。

农药生产企业应当建立原材料进货记录制度，如实记录原材料的名称、有关许可证明文件编号、规格、数量、供货人名称及其联系方式、进货日期等内容。原材料进货记录应当保存 2 年以上。

第二十一条 农药生产企业应当严格按照产品质量标准进行生产，确保农药产品与登记农药一致。农药出厂销售，应当经质量检验合格并附具产品质量检验合格证。

农药生产企业应当建立农药出厂销售记录制度，如实记录农药的名称、规格、数量、生产日期和批号、产品质量检验信息、购货人名称及其联系方式、销售日期等内容。农药出厂销售记录应当保存 2 年以上。

第二十二条 农药包装应当符合国家有关规定，并印制或者贴有标签。国家鼓励农药生产企业使用可回收的农药包装材料。

农药标签应当按照国务院农业主管部门的规定，以中文标注农药的名称、剂型、有效成分及其含量、毒性及其标识、使用范围、使用方法和剂量、使用技术要求和注意事项、生产日期、可追溯电子信息码等内容。

剧毒、高毒农药以及使用技术要求严格的其他农药等限制使用农药的标签还应当标注"限制使用"字样，并注明使用的特别限制和特殊要求。用于食用农产品的农药的标签还应当标注安全间隔期。

第二十三条 农药生产企业不得擅自改变经核准的农药的标签内容，不得在农药的标签中标注虚假、误导使用者的内容。

农药包装过小，标签不能标注全部内容的，应当同时附具说明书，说明书的内容应当与经核准的标签内容一致。

第四章　农药经营

第二十四条　国家实行农药经营许可制度，但经营卫生用农药的除外。农药经营者应当具备下列条件，并按照国务院农业主管部门的规定向县级以上地方人民政府农业主管部门申请农药经营许可证：

（一）有具备农药和病虫害防治专业知识，熟悉农药管理规定，能够指导安全合理使用农药的经营人员；

（二）有与其他商品以及饮用水水源、生活区域等有效隔离的营业场所和仓储场所，并配备与所申请经营农药相适应的防护设施；

（三）有与所申请经营农药相适应的质量管理、台账记录、安全防护、应急处置、仓储管理等制度。

经营限制使用农药的，还应当配备相应的用药指导和病虫害防治专业技术人员，并按照所在地省、自治区、直辖市人民政府农业主管部门的规定实行定点经营。

县级以上地方人民政府农业主管部门应当自受理申请之日起20个工作日内作出审批决定。符合条件的，核发农药经营许可证；不符合条件的，书面通知申请人并说明理由。

第二十五条　农药经营许可证应当载明农药经营者名称、住所、负责人、经营范围以及有效期等事项。

农药经营许可证有效期为5年。有效期届满，需要继续经营农药的，农药经营者应当在有效期届满90日前向发证机关申请延续。

农药经营许可证载明事项发生变化的，农药经营者应当按照国务院农业主管部门的规定申请变更农药经营许可证。

取得农药经营许可证的农药经营者设立分支机构的，应当依法申请变更农药经营许可证，并向分支机构所在地县级以上地方人民政府农业主管部门备案，其分支机构免予办理农药经营许可证。农药经营者应当对其分支机构的经营活动负责。

第二十六条　农药经营者采购农药应当查验产品包装、标签、产品质量检验合格证以及有关许可证明文件，不得向未取得农药生产许可证的农药生产企业或者未取得农药经营许可证的其他农药经营者采购农药。

农药经营者应当建立采购台账，如实记录农药的名称、有关许可证明文件编号、规格、数量、生产企业和供货人名称及其联系方式、进货日期等内容。采购台账应当保存2年以上。

第二十七条　农药经营者应当建立销售台账，如实记录销售农药的名称、规格、数量、生产企业、购买人、销售日期等内容。销售台账应当保存2年以上。

农药经营者应当向购买人询问病虫害发生情况并科学推荐农药，必要时应当实地查看病虫害发生情况，并正确说明农药的使用范围、使用方法和剂量、使用技术要求和注意事项，不得误导购买人。

经营卫生用农药的，不适用本条第一款、第二款的规定。

第二十八条 农药经营者不得加工、分装农药，不得在农药中添加任何物质，不得采购、销售包装和标签不符合规定，未附具产品质量检验合格证，未取得有关许可证明文件的农药。

经营卫生用农药的，应当将卫生用农药与其他商品分柜销售；经营其他农药的，不得在农药经营场所内经营食品、食用农产品、饲料等。

第二十九条 境外企业不得直接在中国销售农药。境外企业在中国销售农药的，应当依法在中国设立销售机构或者委托符合条件的中国代理机构销售。

向中国出口的农药应当附具中文标签、说明书，符合产品质量标准，并经出入境检验检疫部门依法检验合格。禁止进口未取得农药登记证的农药。

办理农药进出口海关申报手续，应当按照海关总署的规定出示相关证明文件。

第五章 农药使用

第三十条 县级以上人民政府农业主管部门应当加强农药使用指导、服务工作，建立健全农药安全、合理使用制度，并按照预防为主、综合防治的要求，组织推广农药科学使用技术，规范农药使用行为。林业、粮食、卫生等部门应当加强对林业、储粮、卫生用农药安全、合理使用的技术指导，环境保护主管部门应当加强对农药使用过程中环境保护和污染防治的技术指导。

第三十一条 县级人民政府农业主管部门应当组织植物保护、农业技术推广等机构向农药使用者提供免费技术培训，提高农药安全、合理使用水平。

国家鼓励农业科研单位、有关学校、农民专业合作社、供销合作社、农业社会化服务组织和专业人员为农药使用者提供技术服务。

第三十二条 国家通过推广生物防治、物理防治、先进施药器械等措施，逐步减少农药使用量。

县级人民政府应当制定并组织实施本行政区域的农药减量计划；对实施农药减量计划、自愿减少农药使用量的农药使用者，给予鼓励和扶持。

县级人民政府农业主管部门应当鼓励和扶持设立专业化病虫害防治服务组织，并对专业化病虫害防治和限制使用农药的配药、用药进行指导、规范和管理，提高病虫害防治水平。

县级人民政府农业主管部门应当指导农药使用者有计划地轮换使用农药，减缓为害农业、林业的病、虫、草、鼠和其他有害生物的抗药性。

乡、镇人民政府应当协助开展农药使用指导、服务工作。

第三十三条 农药使用者应当遵守国家有关农药安全、合理使用制度，妥善保管农药，并在配药、用药过程中采取必要的防护措施，避免发生农药使用事故。

限制使用农药的经营者应当为农药使用者提供用药指导，并逐步提供统一用药服务。

第三十四条 农药使用者应当严格按照农药的标签标注的使用范围、使用方法和剂量、使用技术要求和注意事项使用农药,不得扩大使用范围、加大用药剂量或者改变使用方法。

农药使用者不得使用禁用的农药。

标签标注安全间隔期的农药,在农产品收获前应当按照安全间隔期的要求停止使用。

剧毒、高毒农药不得用于防治卫生害虫,不得用于蔬菜、瓜果、茶叶、菌类、中草药材的生产,不得用于水生植物的病虫害防治。

第三十五条 农药使用者应当保护环境,保护有益生物和珍稀物种,不得在饮用水水源保护区、河道内丢弃农药、农药包装物或者清洗施药器械。

严禁在饮用水水源保护区内使用农药,严禁使用农药毒鱼、虾、鸟、兽等。

第三十六条 农产品生产企业、食品和食用农产品仓储企业、专业化病虫害防治服务组织和从事农产品生产的农民专业合作社等应当建立农药使用记录,如实记录使用农药的时间、地点、对象以及农药名称、用量、生产企业等。农药使用记录应当保存 2 年以上。

国家鼓励其他农药使用者建立农药使用记录。

第三十七条 国家鼓励农药使用者妥善收集农药包装物等废弃物;农药生产企业、农药经营者应当回收农药废弃物,防止农药污染环境和农药中毒事故的发生。具体办法由国务院环境保护主管部门会同国务院农业主管部门、国务院财政部门等部门制定。

第三十八条 发生农药使用事故,农药使用者、农药生产企业、农药经营者和其他有关人员应当及时报告当地农业主管部门。

接到报告的农业主管部门应当立即采取措施,防止事故扩大,同时通知有关部门采取相应措施。造成农药中毒事故的,由农业主管部门和公安机关依照职责权限组织调查处理,卫生主管部门应当按照国家有关规定立即对受到伤害的人员组织医疗救治;造成环境污染事故的,由环境保护等有关部门依法组织调查处理;造成储粮药剂使用事故和农作物药害事故的,分别由粮食、农业等部门组织技术鉴定和调查处理。

第三十九条 因防治突发重大病虫害等紧急需要,国务院农业主管部门可以决定临时生产、使用规定数量的未取得登记或者禁用、限制使用的农药,必要时应当会同国务院对外贸易主管部门决定临时限制出口或者临时进口规定数量、品种的农药。

前款规定的农药,应当在使用地县级人民政府农业主管部门的监督和指导下使用。

第六章　监督管理

第四十条 县级以上人民政府农业主管部门应当定期调查统计农药生产、销售、使用情况,并及时通报本级人民政府有关部门。

县级以上地方人民政府农业主管部门应当建立农药生产、经营诚信档案并予以公布；发现违法生产、经营农药的行为涉嫌犯罪的，应当依法移送公安机关查处。

第四十一条 县级以上人民政府农业主管部门履行农药监督管理职责，可以依法采取下列措施：

（一）进入农药生产、经营、使用场所实施现场检查；

（二）对生产、经营、使用的农药实施抽查检测；

（三）向有关人员调查了解有关情况；

（四）查阅、复制合同、票据、账簿以及其他有关资料；

（五）查封、扣押违法生产、经营、使用的农药，以及用于违法生产、经营、使用农药的工具、设备、原材料等；

（六）查封违法生产、经营、使用农药的场所。

第四十二条 国家建立农药召回制度。农药生产企业发现其生产的农药对农业、林业、人畜安全、农产品质量安全、生态环境等有严重危害或者较大风险的，应当立即停止生产，通知有关经营者和使用者，向所在地农业主管部门报告，主动召回产品，并记录通知和召回情况。

农药经营者发现其经营的农药有前款规定的情形的，应当立即停止销售，通知有关生产企业、供货人和购买人，向所在地农业主管部门报告，并记录停止销售和通知情况。

农药使用者发现其使用的农药有本条第一款规定的情形的，应当立即停止使用，通知经营者，并向所在地农业主管部门报告。

第四十三条 国务院农业主管部门和省、自治区、直辖市人民政府农业主管部门应当组织负责农药检定工作的机构、植物保护机构对已登记农药的安全性和有效性进行监测。

发现已登记农药对农业、林业、人畜安全、农产品质量安全、生态环境等有严重为害或者较大风险的，国务院农业主管部门应当组织农药登记评审委员会进行评审，根据评审结果撤销、变更相应的农药登记证，必要时应当决定禁用或者限制使用并予以公告。

第四十四条 有下列情形之一的，认定为假农药：

（一）以非农药冒充农药；

（二）以此种农药冒充他种农药；

（三）农药所含有效成分种类与农药的标签、说明书标注的有效成分不符。

禁用的农药，未依法取得农药登记证而生产、进口的农药，以及未附具标签的农药，按照假农药处理。

第四十五条 有下列情形之一的，认定为劣质农药：

（一）不符合农药产品质量标准；

（二）混有导致药害等有害成分。

超过农药质量保证期的农药，按照劣质农药处理。

第四十六条　假农药、劣质农药和回收的农药废弃物等应当交由具有危险废物经营资质的单位集中处置，处置费用由相应的农药生产企业、农药经营者承担；农药生产企业、农药经营者不明确的，处置费用由所在地县级人民政府财政列支。

第四十七条　禁止伪造、变造、转让、出租、出借农药登记证、农药生产许可证、农药经营许可证等许可证明文件。

第四十八条　县级以上人民政府农业主管部门及其工作人员和负责农药检定工作的机构及其工作人员，不得参与农药生产、经营活动。

第七章　法律责任

第四十九条　县级以上人民政府农业主管部门及其工作人员有下列行为之一的，由本级人民政府责令改正；对负有责任的领导人员和直接责任人员，依法给予处分；负有责任的领导人员和直接责任人员构成犯罪的，依法追究刑事责任：

（一）不履行监督管理职责，所辖行政区域的违法农药生产、经营活动造成重大损失或者恶劣社会影响；

（二）对不符合条件的申请人准予许可或者对符合条件的申请人拒不准予许可；

（三）参与农药生产、经营活动；

（四）有其他徇私舞弊、滥用职权、玩忽职守行为。

第五十条　农药登记评审委员会组成人员在农药登记评审中谋取不正当利益的，由国务院农业主管部门从农药登记评审委员会除名；属于国家工作人员的，依法给予处分；构成犯罪的，依法追究刑事责任。

第五十一条　登记试验单位出具虚假登记试验报告的，由省、自治区、直辖市人民政府农业主管部门没收违法所得，并处5万元以上10万元以下罚款；由国务院农业主管部门从登记试验单位中除名，5年内不再受理其登记试验单位认定申请；构成犯罪的，依法追究刑事责任。

第五十二条　未取得农药生产许可证生产农药或者生产假农药的，由县级以上地方人民政府农业主管部门责令停止生产，没收违法所得、违法生产的产品和用于违法生产的工具、设备、原材料等，违法生产的产品货值金额不足1万元的，并处5万元以上10万元以下罚款，货值金额1万元以上的，并处货值金额10倍以上20倍以下罚款，由发证机关吊销农药生产许可证和相应的农药登记证；构成犯罪的，依法追究刑事责任。

取得农药生产许可证的农药生产企业不再符合规定条件继续生产农药的，由县级以上地方人民政府农业主管部门责令限期整改；逾期拒不整改或者整改后仍不符合规定条件的，由发证机关吊销农药生产许可证。

农药生产企业生产劣质农药的，由县级以上地方人民政府农业主管部门责令停止生产，没收违法所得、违法生产的产品和用于违法生产的工具、设备、原材料等，违法生产的产品货值金额不足1万元的，并处1万元以上5万元以下罚款，货值金额1万元以上的，并处货值金额5倍以上10倍以下罚款；情节严重的，由发证机关吊销农药生产许可证和相应的农药登记证；构成犯罪的，依法追究刑事责任。

委托未取得农药生产许可证的受托人加工、分装农药，或者委托加工、分装假农药、劣质农药的，对委托人和受托人均依照本条第一款、第三款的规定处罚。

第五十三条 农药生产企业有下列行为之一的，由县级以上地方人民政府农业主管部门责令改正，没收违法所得、违法生产的产品和用于违法生产的原材料等，违法生产的产品货值金额不足1万元的，并处1万元以上2万元以下罚款，货值金额1万元以上的，并处货值金额2倍以上5倍以下罚款；拒不改正或者情节严重的，由发证机关吊销农药生产许可证和相应的农药登记证：

（一）采购、使用未依法附具产品质量检验合格证、未依法取得有关许可证明文件的原材料；

（二）出厂销售未经质量检验合格并附具产品质量检验合格证的农药；

（三）生产的农药包装、标签、说明书不符合规定；

（四）不召回依法应当召回的农药。

第五十四条 农药生产企业不执行原材料进货、农药出厂销售记录制度，或者不履行农药废弃物回收义务的，由县级以上地方人民政府农业主管部门责令改正，处1万元以上5万元以下罚款；拒不改正或者情节严重的，由发证机关吊销农药生产许可证和相应的农药登记证。

第五十五条 农药经营者有下列行为之一的，由县级以上地方人民政府农业主管部门责令停止经营，没收违法所得、违法经营的农药和用于违法经营的工具、设备等，违法经营的农药货值金额不足1万元的，并处5 000元以上5万元以下罚款，货值金额1万元以上的，并处货值金额5倍以上10倍以下罚款；构成犯罪的，依法追究刑事责任：

（一）违反本条例规定，未取得农药经营许可证经营农药；

（二）经营假农药；

（三）在农药中添加物质。

有前款第二项、第三项规定的行为，情节严重的，还应当由发证机关吊销农药经营许可证。

取得农药经营许可证的农药经营者不再符合规定条件继续经营农药的，由县级以上地方人民政府农业主管部门责令限期整改；逾期拒不整改或者整改后仍不符合规定条件的，由发证机关吊销农药经营许可证。

第五十六条 农药经营者经营劣质农药的，由县级以上地方人民政府农业主管部门责令停止经营，没收违法所得、违法经营的农药和用于违法经营的工具、设备等，违法经营的农药货值金额不足1万元的，并处2 000元以上2万元以下罚款，货值金额

1 万元以上的，并处货值金额 2 倍以上 5 倍以下罚款；情节严重的，由发证机关吊销农药经营许可证；构成犯罪的，依法追究刑事责任。

第五十七条　农药经营者有下列行为之一的，由县级以上地方人民政府农业主管部门责令改正，没收违法所得和违法经营的农药，并处 5 000 元以上 5 万元以下罚款；拒不改正或者情节严重的，由发证机关吊销农药经营许可证：

（一）设立分支机构未依法变更农药经营许可证，或者未向分支机构所在地县级以上地方人民政府农业主管部门备案；

（二）向未取得农药生产许可证的农药生产企业或者未取得农药经营许可证的其他农药经营者采购农药；

（三）采购、销售未附具产品质量检验合格证或者包装、标签不符合规定的农药；

（四）不停止销售依法应当召回的农药。

第五十八条　农药经营者有下列行为之一的，由县级以上地方人民政府农业主管部门责令改正；拒不改正或者情节严重的，处 2 000 元以上 2 万元以下罚款，并由发证机关吊销农药经营许可证：

（一）不执行农药采购台账、销售台账制度；

（二）在卫生用农药以外的农药经营场所内经营食品、食用农产品、饲料等；

（三）未将卫生用农药与其他商品分柜销售；

（四）不履行农药废弃物回收义务。

第五十九条　境外企业直接在中国销售农药的，由县级以上地方人民政府农业主管部门责令停止销售，没收违法所得、违法经营的农药和用于违法经营的工具、设备等，违法经营的农药货值金额不足 5 万元的，并处 5 万元以上 50 万元以下罚款，货值金额 5 万元以上的，并处货值金额 10 倍以上 20 倍以下罚款，由发证机关吊销农药登记证。

取得农药登记证的境外企业向中国出口劣质农药情节严重或者出口假农药的，由国务院农业主管部门吊销相应的农药登记证。

第六十条　农药使用者有下列行为之一的，由县级人民政府农业主管部门责令改正，农药使用者为农产品生产企业、食品和食用农产品仓储企业、专业化病虫害防治服务组织和从事农产品生产的农民专业合作社等单位的，处 5 万元以上 10 万元以下罚款，农药使用者为个人的，处 1 万元以下罚款；构成犯罪的，依法追究刑事责任：

（一）不按照农药的标签标注的使用范围、使用方法和剂量、使用技术要求和注意事项、安全间隔期使用农药；

（二）使用禁用的农药；

（三）将剧毒、高毒农药用于防治卫生害虫，用于蔬菜、瓜果、茶叶、菌类、中草药材生产或者用于水生植物的病虫害防治；

（四）在饮用水水源保护区内使用农药；

（五）使用农药毒鱼、虾、鸟、兽等；

（六）在饮用水水源保护区、河道内丢弃农药、农药包装物或者清洗施药器械。

有前款第二项规定的行为的，县级人民政府农业主管部门还应当没收禁用的农药。

第六十一条 农产品生产企业、食品和食用农产品仓储企业、专业化病虫害防治服务组织和从事农产品生产的农民专业合作社等不执行农药使用记录制度的，由县级人民政府农业主管部门责令改正；拒不改正或者情节严重的，处2 000元以上2万元以下罚款。

第六十二条 伪造、变造、转让、出租、出借农药登记证、农药生产许可证、农药经营许可证等许可证明文件的，由发证机关收缴或者予以吊销，没收违法所得，并处1万元以上5万元以下罚款；构成犯罪的，依法追究刑事责任。

第六十三条 未取得农药生产许可证生产农药，未取得农药经营许可证经营农药，或者被吊销农药登记证、农药生产许可证、农药经营许可证的，其直接负责的主管人员10年内不得从事农药生产、经营活动。

农药生产企业、农药经营者招用前款规定的人员从事农药生产、经营活动的，由发证机关吊销农药生产许可证、农药经营许可证。

被吊销农药登记证的，国务院农业主管部门5年内不再受理其农药登记申请。

第六十四条 生产、经营的农药造成农药使用者人身、财产损害的，农药使用者可以向农药生产企业要求赔偿，也可以向农药经营者要求赔偿。属于农药生产企业责任的，农药经营者赔偿后有权向农药生产企业追偿；属于农药经营者责任的，农药生产企业赔偿后有权向农药经营者追偿。

第八章　附则

第六十五条 申请农药登记的，申请人应当按照自愿有偿的原则，与登记试验单位协商确定登记试验费用。

第六十六条 本条例自2017年6月1日起施行。

附录5

农业农村部公布的禁止和限制使用的农药名单

《农药管理条例》规定，农药生产应取得农药登记证和生产许可证，农药经营应取得经营许可证，农药使用应按照标签规定的使用范围、安全间隔期用药，不得超范围用药。剧毒、高毒农药不得用于防治卫生害虫，不得用于蔬菜、瓜果、茶叶、菌类、中草药材的生产，不得用于水生植物的病虫害防治。

一、禁止（停止）使用的农药（50种）

六六六、滴滴涕、毒杀芬、二溴氯丙烷、杀虫脒、二溴乙烷、除草醚、艾氏剂、狄氏剂、汞制剂、砷类、铅类、敌枯双、氟乙酰胺、甘氟、毒鼠强、氟乙酸钠、毒鼠硅、甲胺磷、对硫磷、甲基对硫磷、久效磷、磷胺、苯线磷、地虫硫磷、甲基硫环磷、磷化钙、磷化镁、磷化锌、硫线磷、蝇毒磷、治螟磷、特丁硫磷、氯磺隆、胺苯磺隆、甲磺隆、福美胂、福美甲胂、三氯杀螨醇、林丹、硫丹、溴甲烷、氟虫胺、杀扑磷、百草枯、2，4-滴丁酯、甲拌磷、甲基异柳磷、水胺硫磷、灭线磷。

注：2，4-滴丁酯自2023年1月23日起禁止使用。溴甲烷可用于"检疫熏蒸梳理"。杀扑磷已无制剂登记。甲拌磷、甲基异柳磷、水胺硫磷、灭线磷，自2024年9月1日起禁止销售和使用。

二、在部分范围禁止使用的农药（20种）

通用名	禁止使用范围
甲拌磷、甲基异柳磷、克百威、水胺硫磷、氧乐果、灭多威、涕灭威、灭线磷	禁止在蔬菜、瓜果、茶叶、菌类、中草药材上使用，禁止用于防治卫生害虫，禁止用于水生植物的病虫害防治
甲拌磷、甲基异柳磷、克百威	禁止在甘蔗作物上使用
内吸磷、硫环磷、氯唑磷	禁止在蔬菜、瓜果、茶叶、中草药材上使用
乙酰甲胺磷、丁硫克百威、乐果	禁止在蔬菜、瓜果、茶叶、菌类和中草药材上使用
毒死蜱、三唑磷	禁止在蔬菜上使用
丁酰肼（比久）	禁止在花生上使用
氰戊菊酯	禁止在茶叶上使用
氟虫腈	禁止在所有农作物上使用（玉米等部分旱田种子包衣除外）
氟苯虫酰胺	禁止在水稻上使用

彩 图

彩图 1-1 已选育新品种"尚红黄精"

彩图 2-1 根茎

彩图 2-2 多花黄精花

彩图 2-3　多花黄精果实和种子

彩图 2-4　多花黄精的林间种植

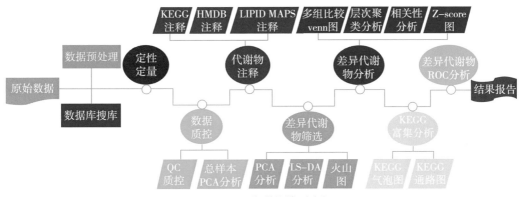

彩图 3-1　代谢物检测流程

彩图 3-2 黄精种子

彩图 3-3 多花黄精组培苗

彩图 3-4 黄精种质资源圃

按组合从杂交亲本上收集种子于F_1

↓

按组合播种，每组合几十粒(株) F_1，组合内植株间不隔离，与父母本或其他植株隔离

↓

对F_1植株中劣株进行淘汰，自然授粉结种子F_2，以组合为单位混合留种

↓

F_2种子分区种植，株行距要大，规模根据控制目标性状的基因数量和显隐关系，并参考种植面积和人力等因素决定

↓

如某一组合到F_2植株仍没有出现优秀单株，此时可以淘汰该组合。对出现优秀单株的组合，进行单株选择，单株收获，得F_3种子。并标记组合号、行号、株号

↓

将F_3种子分小区种植，每5～10个小区设置对照小区，在小区间进行比较，在优系种选择优株，单株留种，得F_4种子。对性状遗传稳定的质量性状可以混合留种，留待下一次鉴定

↓

与F_3植株类似，F_4种子单株成小区，设对照，小区比较，留优秀单株，单株收获，得F_5种子。对性状遗传稳定的质量性状可以混合留种，留待下一次鉴定

↓

F_5、F_6等根据选育结果和育种需要延续

彩图 3–5　系谱法

杂交组合 AABB × aabb → F_1 AaBb → 产生配子或花药培养成植株 AB、Ab、aB、ab → 染色体加倍 AABB、Aabb、aaBB、aabb

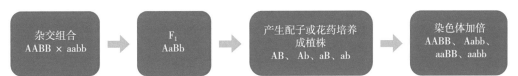

彩图 3–6　育种流程

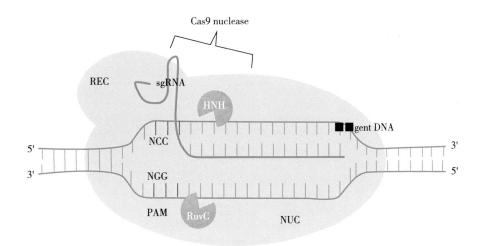

彩图 3–7　CRISPR/Cas9 原理

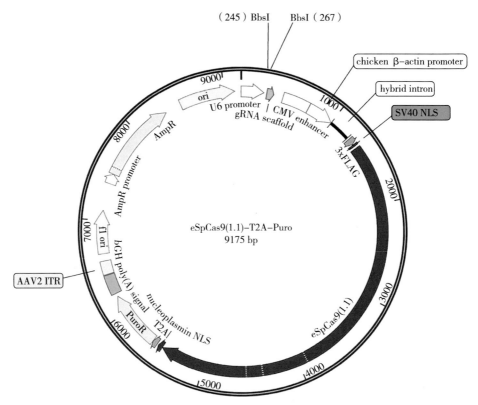

彩图 3-8　CRISPR/Cas9 载体质粒

彩图 4-1　多花黄精种子发芽

彩图 4-2　三年生种子育苗生长情况

彩图 4-3　多花黄精的根茎繁殖

彩图 4-4　组织培养室

300 m松树林下

500～800 m山核桃林下

200 m退耕还林枫树林

间伐竹林下

彩图 5-1　多花黄精套种经济林分

彩图 5-2　多花黄精套种玉米　　　　　彩图 5-3　防草布覆盖栽培模式

彩图 6-1　根腐病为害症状

彩图 6-2　白绢病为害症状

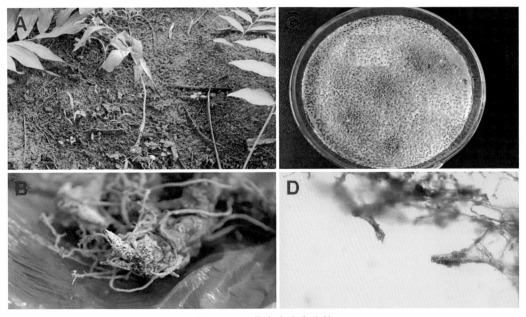

彩图 6-3　茎腐病为害症状

彩图 6-4　叶圆斑病为害症状　　　　　　彩图 6-5　炭疽病为害症状

彩图 6-6　叶尖 / 缘坏死病为害症状

彩图 6-7　叶紫斑病为害症状

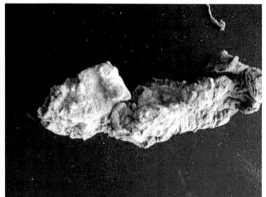

彩图 6-8　锈病为害症状　　　　　　　彩图 6-9　青霉病为害症状

彩图 6-10　黄化病为害症状

彩图 6-11 蛴螬幼虫为害症状

彩图 6-12 蛴螬成虫为害症状

彩图 6-13 小地老虎为害症状

彩图 6-14 瘿蚊为害症状

彩图 6-15　红蜘蛛为害症状

彩图 6-16　黄足黑守瓜为害症状

彩图 6-17　其他食叶害虫为害症状　　　　彩图 6-18　印度谷螟为害症状

彩图 6-19　草害为害

彩图 6-20　防草布防草

彩图 6-21　蜗牛为害症状

彩图 6-22　麂子为害症状

彩图 6-23　野猪为害症状

彩图 7-1　采收后的多花黄精

彩图 7-2 清洗后的多花黄精

彩图 7-3 黄精饮片

彩图 7-4 黄精饮片清蒸炮制品

彩图 7-5 九蒸九制黄精炮制品